# 隐幽的人性

## 超越自卑的心理学

徐泽旭 —— 著

花山文艺出版社

河北·石家庄

**图书在版编目（CIP）数据**

隐幽的人性：超越自卑的心理学 / 徐泽旭著 . ——
石家庄：花山文艺出版社，2021.5
ISBN 978-7-5511-5618-9

Ⅰ . ①隐… Ⅱ . ①徐… Ⅲ . ①个性心理学 – 通俗读物
Ⅳ . ① B848-49

中国版本图书馆 CIP 数据核字（2021）第 057011 号

| | | |
|---|---|---|
| 书　　名： | 隐幽的人性：超越自卑的心理学 | |
| | YINYOU DE RENXING：CHAOYUE ZIBEI DE XINLIXUE | |
| 著　　者： | 徐泽旭 | |
| 责任编辑： | 卢水淹 | |
| 责任校对： | 董　舸 | |
| 封面设计： | 东合社 – 安宁 | |
| 美术编辑： | 胡彤亮 | |
| 出版发行： | 花山文艺出版社（邮政编码：050061） | |
| | （河北省石家庄市友谊北大街 330 号） | |
| 销售热线： | 0311-88643221/29/31/32/26 | |
| 传　　真： | 0311-88643225 | |
| 印　　刷： | 衡水泰源印刷有限公司 | |
| 经　　销： | 新华书店 | |
| 开　　本： | 880×1230　1 / 32 | |
| 印　　张： | 9 | |
| 字　　数： | 200 千字 | |
| 版　　次： | 2021 年 5 月第 1 版 | |
| | 2021 年 5 月第 1 次印刷 | |
| 书　　号： | ISBN 978-7-5511-5618-9 | |
| 定　　价： | 49.80 元 | |

# 前言
## Preface

自卑，起源于挫败之痛，影响于成长环境，形成于自我体认，固化于岁月长河。很多人因自卑而痛苦，但自卑并不是原因，而是结果。最简单的道理是，如果一个人不肯自我鼓励，而是一直埋怨和责怪自己，那就必然会日趋自卑，远离自信。而他又总向别人解释说："因为我自卑，所以总是做不好，不敢做。"这其中是否有些函矢相攻的意味？

想要突破自卑，我们就需要透过自卑的各种表现形式去发现自卑来自哪里，这样才更容易做出超越和改变。比如，自卑者常对自己说的"我不行"，就是一个负向的结论。那是否能够通过不断告诉自己"我可以"来消除这种自卑的论调呢？答案是不能。因为这句负向评价中还包含情绪和感受，像是对自己的愤怒或者对外界的畏惧。那么，清除情绪就可以解决自卑了吗？答案同样是不能。因为这个结论有其内在的逻辑，但究竟是什么样的逻辑呢？举个例子，如果一个人面对家境贫穷、面容不佳、成绩不好、表白被拒等境况，你觉得他是否就有理由自卑了呢？如果这个人是你，你会自卑吗？自卑的最终答案，一定存在于每个人的人生经历和自我体认之中，也只有了解了这两点，才能找到消除自卑的突破口。

坦白讲，我不擅长熬制心灵鸡汤，本书也并非着重在为有自卑困扰的朋友提供安慰。我会以一个冷静的视角来分析自卑心理各个层面的内涵，这是我多年心理从业经历的结晶之作，也是我的处女作。我主要修习的是后现代心理流派中的家庭系统排列、NLP、第三代催眠等，也学习了诸多身体层面的心理治疗方法，如费登奎斯、舞动治疗、即兴戏剧等，这些学习经历引领我不断发现自我，也让我对自卑有了新的认识。

过去我也被自卑困扰过，也经历过焦虑和抑郁情绪，每当有情绪波动、关系困扰或面对挑战的时候，我都会进行自我剖析。在心灵的世界里，我努力做到对自己诚实而不逃避，如今，我为自己逐步走出一条心灵之路而感到欣慰。现在我可以大方地承认：我是自卑的，或者我是不是自卑，已经不再对自我价值产生过多的影响。

现在的我认为，自卑是心灵智慧的基础，当自卑者信任自己的感受，敏感、脆弱就可以进化为敏锐；当面对自己力不能及、爱莫能助的境况时，身居卑位的心态可以是臣服和谦卑。面对时代的躁动和成长的困境，自卑者的自我质疑会引发个体的自知之明，自卑者内在的悲观可以成为自己涅槃重生的力量。

所以，如果你也被自卑困扰，我会建议你，学着跟自卑做朋友吧！本书运用了大量真实案例来进行心理剖析，带你发现自卑深处的逻辑和优势；也运用了大量专业心理咨询中的提问技术带你走进自己的心灵世界；最后还将分享我为自卑寻找到的转化之路。

自卑，从来都不是人生终点。尽管自卑算不上优秀的起点，但水流千里归大海，只要你还在顺着生命的河流前进，那么总有一马平川的一天。长命富贵，天做主由不得我；钢骨正气，我做主由不得天。

如果我的文字能对你有一点点帮助，于我而言，是种幸运。

曜心　徐泽旭

2020 年 8 月 31 日

# 目 录
Contents

## 01 自卑之困：
被低估的我

认识的陷阱    002

头脑的游戏    008

总结    014

## 02 内忧外患：
和潜藏内心深处的自卑者对话

思维：自卑者潜在的语言模式    018

情绪：敏感内心的外在流露    030

面具：脆弱情感的行为表现    052

**03** 成因溯源：
你和自己的关系也是你和世界的关系

自卑的成因 072

经历的类别 079

核心经历——尘封在记忆中的心灵重创 083

背景与环境——习以为常和潜移默化 112

内感经历——独自走过的漫长的路 131

**04** 自卑者的盔甲与火把：
是无助，但更是天赋

盔甲：微妙的平衡 142

火把：苦厄的馈赠 172

**05** 转化自卑：
蜕变的英雄之旅

接纳自我——走出情绪失控的恶性循环 198

正视自我——你本来就无所不能 217

表达自我——你的感受应该被听见 243

疗愈自我——拥抱内心的无助小孩 264

# 01

## 自卑之困：

## 被低估的我

## 认识的陷阱

*认识你自己。——古希腊神庙*

认识你自己，这是雕刻在古希腊神庙上的一句话。

如果把认识自己的过程比作一段旅程的话，也许所有人终其一生，都走在这条路上。我们透过经历和体验，不断发现自己，时常发出类似"原来我是这样"的感叹。

但人们又是如此的不同，同样是认知自己的过程，却往往得出截然相反的结论。

比如下面几个很关键的问题：

你相信自己吗？

你喜欢自己吗？

你认为自己有价值吗？

你找到自己存在的意义了吗？

你认为自己有能力创造幸福快乐吗？

……

　　类似的灵魂拷问还可以有很多，但我想，这五个问句，已经足够引发我们去审视自己的人生了。对于不少朋友来说，这五个问题，甚至已经触碰到心灵深处的脆弱了。

　　确实，对于难以相信自己的、不怎么喜欢自己的、低价值的、感受不到意义的、质疑自己能力的人来说，这五个问题刚好戳到痛处。

　　如今，有个简洁明了的词来形容这种特质，叫自卑。

　　很多朋友把这个词纳入了自己的性格特质的词汇表中，并且被其深深地影响着。他们总是轻轻低着头，微微缩紧身体，犹豫不决或欲言又止，在自我介绍当中总会说，"我性格比较内向，有点自卑"，内心像只受惊的小白兔，时刻竖起耳朵，仿佛不远处就有很多豺狼和猎人。

　　说实话，我也曾是惊恐小白兔中的一员，但现在能看得更清楚一些，心灵更自由一些。

　　现在的我，愤怒的时候可以像狮子，顽皮的时候可以像猴子，虽然惊恐的时候还是会像小白兔，但我的内心中有个部分，它跟所有的动物都是好朋友，在那里，我会尽力照顾好每个小动物。它也是我走出自卑的方法。

　　所以，如果你也想走出自卑，就请继续阅读本章中所介绍的思维陷阱。正如上面提到的五个问题，它们的陷阱在哪里呢？

**第一层陷阱：回答"是"或"否"的机会并不对等。**

拿客观地信任自己这件事来说，很少有人会完全相信自己，而没有任何怀疑。

这种提问方式通常是由于我们对自己信任度很高，所以才会给出肯定的答案。人极难百分百地信任自己，当你对自己的信任度达不到90%以上，很可能无法做出肯定回答。

就算一个演讲家或者歌手，在舞台上展现出了极大的自信，但当帷幕落下回到房间后，一样会被冒充者综合征[①]困扰。他也许会质疑台下一次次涛惊雷动的掌声，究竟是为了自己，还是为了自己所演出来的那个人。

著名歌手王菲曾经在一次采访中坦白道："我很懒，缺乏耐性和毅力。我想减肥增强体质，但我跑步只坚持了两天。我抽烟，明知道这是危害健康的行为，但戒不了。我直来直去，得罪人成了家常便饭。我是一个地地道道的俗人，我自

---

① 冒充者综合征（Impostor syndrome），又称自我能力否定倾向，是保琳（Pauline-R.Clance）和苏珊娜（Suzanne A.Imes）在1978年发现并命名的，是指个体按照客观标准评价为已经获得了成功或取得成就，但是其本人却认为这是不可能的，认为自己没有能力取得成功，感觉自己是在欺骗他人，并且害怕被他人发现此欺骗行为的一种现象。曼哈顿心理学家Joseph Cilona表示："这些在冒充者综合征中挣扎的人，也更倾向于将他们的成功归功于运气而不是他们的优点及辛勤工作，他们也普遍不将他们的成功当作一回事。"

信又自卑，矛盾得要命。面对歌迷，我常常觉得尴尬。"

在佩服王菲坦诚和勇敢的同时，我们不妨问问自己：如果有一天，我们像王菲那样成功，还会自卑吗？如果自卑仍然如往常一样地存在，我们还觉得自卑是成功的阻碍吗？

**第二层陷阱：提问默认了某些价值观。**

虽然我没有明确说出来，但当我问出"你喜欢自己吗"的时候，其实在多数人的脑海里，已经激发了好坏对错、是非高下的判断，可能已经不由自主地想到，"喜欢自己才是好的"或者"喜欢自己才是对的"，这种判断和思考甚至可以延伸到"一个成功的人，一定很喜欢自己"。

所以，如果一个人平时就对自己有贬低和怀疑，那么在回答这些问题的时候，我们内心的匮乏和低价值感就很容易被激发出来，于是，回答更倾向于消极。

**第三层陷阱：提问忽略过程，强调结果。**

比如关于价值感的提问，我们不可能一直保持在百分百觉得自己有价值感的状态，就算有某个瞬间可以百分百确认，但在那之前或者之后，我们还是会有一定程度的摇摆。

很多时候我们误以为，获得品质和得到物品一样，一旦得到了，那个属性就是永恒的，但实际上这与事实是不符的。比如当一个人抗拒贫穷，自我价值感很低，他可能会尽一切可能创造财富，直到功成名就。实现财务自由的心路历程，可能让他学会欣赏自己的价值。但我们更多的是看到结果——一个享受人生、坐拥财富的人——而忽略了他在贫穷当中的挣扎，也忽略了虽然家财万贯，但他也相应地承担着家庭和企业失败的风险的现实。

所以，"你认为自己有价值吗"这样空泛的提问，会让很多人误以为一直有价值感是某种终极状态。但实际上，人最多只能有一个相对稳定的价值感。

现在，我重新问五个问题，也许你会更清楚我们的头脑是如何玩认知游戏的：

你完全怀疑自己吗？

你彻底憎恨自己吗？

你认为自己一点儿价值都没有吗？

你找不到一丁点儿自己存在的意义吗？

你从未自己创造过任何幸福快乐的感受吗？

……

我想，对于大多数朋友来说，上面五个问题所得到的回答仍然是否定的（如果五个问题中有三个以上都做出了肯定回答，别担心，在后面几个章节中你会找到答案）。

为什么会这样呢？

答案很简单，因为我们都是普通人。

天才向左，疯子向右，绝大多数人走中间，就算你以为自己是天才或疯子，很可能你仍然是走在中间道路上的人。

# 头脑的游戏

游戏就是一系列暗藏陷阱或机关的步骤。——Eric Berne《人间游戏》

透过上面的烧脑分析，我想告诉你，当你说出"我是自卑的"这句话，其实就意味着，你被自己低估了。

当然这种低估会有更深的渴望和缘由，后面会有很多章节为此做出剖析，但在这里，我想告诉你：我们的头脑加剧了自卑的残酷。

以下是几乎所有人都会做的头脑游戏（当然也包括自卑的人）：

**寻求解释**

生活中人与人的对话，很多都围绕着原因和结果。比如：

对话1

"亲爱的，我肚子好痛啊！"（阐述结果）

"是不是吃了什么不干净的东西？"（询问原因）

对话2

"孩子，你今天怎么没上学？"（以结果询问原因）

"因为我生病了。"（表达原因）

"你撒谎，你为什么要撒谎？"（以结果询问原因）

"以后我不敢了。"（告知处理结果）

对话3

"你用了什么香水，怎么这么香？"（询问原因）

"你猜！"（避免告知原因）

"快说！不说我就不当你闺蜜了。"（告知负面结果）

"好好好，跟你说，我用的只是草本精油啦。"（告知原因）

对话4

"你们部门这个月业绩怎么这么差？"（强调结果＋询问原因）

"领导，我们的销售很努力，但仓库那边出货有问题，有好几单客户等不及都退货了。"（表达原因）

"仓库负责人给我出来，解释一下这是什么情况！"（询问原因）

"领导，我也不是很清楚，我查清楚后单独给您汇报。"（告知结果可获得）

以上四段对话，可以涵盖我们生活当中的不少场景，但我都可以用"原因"和"结果"来解读。我想表达的是我们对了解原因的依赖性，也就是寻求解释。

也许是生活中有太多我们无法了解的事物，也许是生命里有太多我们无法看破的境况，于是，我们就渴望从无知变得有知，正如带着同样思考的古希腊哲学家问出的："我是谁？我从哪里来？我到哪里去？"

而对于普通人来说，每当找到一个原因，我们的求知欲似乎就得到了满足，于是我们特别渴望用某些现实中肉眼可见的事情，去证明不知道全貌的东西。这也是为什么，最初的东方人民信仰"天圆地方"，而西方的掌权者坚信"地心说"，甚至需要对反对者施以火刑。

当然，我并不是说头脑"寻求解释"的模式是不好的，而是想说这种模式有它的局限。

我们可以是寻找原因和处理结果的专家，可以把自己性格上的缺陷、心理上的痛苦，都归结到某些伤痛经历或者生理缺憾之上。但是，当我们坚信自己已经找到原因时，心态如同苏轼的那句"自以为得之矣"，可另一方面，我们恰恰被这个视角所局限。

讲到这里，你是否有兴趣反思一下？对于自我的认识，我们是否也只是作出了一个不全面的解释呢？如果的确如此，那被我们忽略的部分会是怎样的呢？

**精简总结**

跟上一点"寻求解释"类似，有时候我们不仅想寻求原因，还想找到答案，而答案最好接近本质，最好是生命的真谛，如果能够得到人生的正确答案，余生只是践行，似乎就永远地避免了迷茫和彷徨。

通常这些真谛似的词句，是秘诀，是捷径，是智慧，是浓缩的经验，是实践者总结出来的。

而我们普通人，也会很本能地想要得到一个精简的答案，比如欧阳修行文求简的典故：

一次，欧阳修与三个下属出游，见路旁有匹飞驰的马踩死了一只狗，欧阳修提议每人记叙此事。

第一人道："有黄犬卧于道，马惊，奔逸而来，蹄而死之。"

第二人道："有黄犬卧于通衢，逸马蹄而杀之。"

第三人道："有犬卧于通衢，卧犬遭之而毙。"

欧阳修道："逸马杀犬于道！"

三人听后深感折服，原来只需六字足矣。

看完这个故事，你感觉怎么样？你会不会觉得欧阳修惜字如金、言简意赅，文采更胜一筹？

我再举另外一个例子，同样是六个字的总结：

　　"既生瑜，何生亮"这是周瑜临终前的感叹，同样短短六
个字，却道出了心中无限的悲愤。《三国演义》虽是历史题材
的小说，但摹写人物心理活动细致入微。在发出这句感叹之
前，周瑜对诸葛亮，从睥睨到吃惊，再到嫉妒和愤恨，最后
妒恨而死，这期间的心路历程，作者展现得淋漓尽致。

　　许多人会认为，"既生瑜，何生亮"是《三国演义》对于
周瑜的人物总结，如此一想，你会不会也要感慨一下作者文
笔的入木三分呢？

　　在这里，我既不否认欧阳修的文采，也不否认《三国演
义》措辞的精妙，但我想表达，精简的总结也会有它的局
限——遗漏信息。

　　比如欧阳修的六字文，没有说马如何导致狗的死亡，没
有提到狗的外观和姿势，也没有描写马的情绪状态，而之前
的三人多少是提到了的。

　　再看《三国演义》中被"三气"而死的周瑜，万人之上
的都督之名，姿态风流仪容秀丽，依天险可战百万雄兵，难
道这些不都是周瑜人生当中的重要标签吗？而《三国演义》
恰恰刻画了这样一个自卑的周瑜，当他看到诸葛亮的才学，
于是用嫉妒为自己做出一个极度片面的总结，而人生当中那
些美好的片段却被遗漏和消磨殆尽。

　　我们对待自己也是如此，也许是现在生活节奏太快，也许是不知如何用言语表达，有时候我们宁可说自己有抑郁症，也不肯向对方解释自己内心的真实体验。

　　所以我想说，任何一个精简的总结，都是片面的。这个总结如果是正向的，很可能会忽略了自己的缺点；这个总结如果是反面的，则很可能忽略了自己的优点。

　　所以自卑的朋友们，当我们在表达或者展现自己的退缩、紧绷或弱小的时候，一定是在低估自己。

# 总结

就认识自己这个过程而言，所谓的自卑或者自信，是我们根据自己的经历和体验下的一个结论。但是，如果我们的认知过程本身就有局限，那么这个总结很有可能并不准确。

所以我用了"头脑的游戏"这个标题，因为不论是"寻求解释"，还是"精简总结"，都是在满足我们知晓的欲望，仿佛知道了就安全了，仿佛有了总结就可以盖棺定论。但生命的奥秘，远比我们描述自己的词汇要广博得多。所以，经常对自己进行负面的评价，其实就是低估自己。

之所以会把"认识的陷阱"和"头脑的游戏"作为第一章的内容，是希望大家明确，我们很容易被思维方式所局限，而这种局限可能导致负面的体验。我们需要站在更平衡的视角，或者说更广阔的视角去面对内在的自卑。

所以，也许在陷入自卑或者自我攻击无法自拔的时候，我们需要跟自己道歉，因为我们又一次低估了自己。相比于低估和打击，更合适的做法是去了解自己，用更平衡的眼光去看待自己。也许现在我们认为自己是自卑的，也许我们还有很多其他的缺点，但一定也有别的特质在等着我们发现，因为每个人都是完整的，任何一个词汇都无法涵盖一个人的全部。

# 02

## 内忧外患：
### 和潜藏内心深处的自卑者对话

# 思维：自卑者潜在的语言模式

人类一思考，上帝就发笑——米兰·昆德拉

思维、想法、信念，这是每个人都比较容易感知到的心理活动，也是最容易用语言表达出来的，而我们通往内在的旅程也将从这里开始。

不妨回想一下，当陷入消极、低沉、失落或者陷入"自卑状态"的时候，我们会有哪些想法？我们又会如何思考问题？要想回答这两个问题，我们就要抓住内在逻辑的轨迹。答案不言而喻，那就是隐藏在我们的语言、说话的方式、表达的状态和措辞的角度中的思想、思路和思维。下面我们就透过语言来寻找自卑的内在逻辑。

**我不行，我做不到**

这是自卑者经常用的口头语，这句话会出现在多个生活场景中：

（1）当老板安排某项工作给员工时，员工说："老板，这个我真不会，我确实做不了。"

（2）同学聚会中，被不怎么熟悉的老同学邀请唱一首歌，他说："我五音不全，真唱不了，等我唱完了你们都要被吓跑了。"

（3）考试之前，发现自己复习的进度已经赶不上了，他对自己说："这回考试，我肯定完蛋了。"

（4）朋友文采不错，大家鼓励他坚持写作，他说："我那水平真不行，怎么能跟专业的比呢？"

虽然"我不行，我做不到"的意思显而易见，但是我想带领大家去解读其中的逻辑。

一方面，上面这句话有以下几层含义：

（1）"不行"是对个人能力的描述，也就是"我不具备做某事的能力"。

（2）"做不到"是对行动的结果的描述，也就是"就算我做，也不会达到预期"。

（3）这句话通常是用在拒绝或放弃机会时，其中隐含的意思是"没必要做出尝试"。

另一方面，把以上三层含义总结成连贯的意思，就是：因为我缺乏某种能力，肯定不会达到预期的结果，所以不会答应，也没必要去尝试。

古人云："知人者智，自知者明。"把"不行"论证得有理有据，知道自己没有面对未知的能力，就肯定做不了。听起来很有道理，事实上是这样吗？

我们换一个角度来想，每个人都会经历从婴儿到成人的过程，这其中有多少事情是原先不会的或没有经验的，之后又学会了甚至擅长了的呢？

比如走路，虽然每个孩子学会走路的时间不同，但是在1岁左右基本上都能直立行走了。而在这之前，你觉得宝宝们有机会去想象走路的样子吗？如果你怀抱当中的小宝宝用"我不行，我做不到"的逻辑跟你说话："我只有几个月大，从来没有直立过，所以现在的我不能走路，也走不了路。"这句话会惊掉所有人的下巴，因为小宝宝给了一个合理的永远不用站起来的理由。

在现实面前，这些想象和假设都是荒谬的，因为每个父母都会惊奇而欣喜地看到孩子即使无数次地跌倒也会挣扎着学走路，也包括那些四肢发育不全的孩子。为什么会这样呢？究竟是什么动力让孩子们努力学习走路呢？我想至少有两个答案：一个是好奇，另一个是模仿。

· 好奇

"好奇"是什么呢？通俗地说，是"没见过的想看一看，没做过的想试一试"。

摩谢·费登奎斯[1]在对于婴儿学习动作的研究中观察到，婴儿在学习翻身、爬行和站立的过程中，需要成千上万次的尝试，而正是这些尝试构建了婴儿发达的神经系统。其实婴儿的尝试是不带有任何目的的，也许是因为某个玩具上漂亮的颜色，也许是某处传来奇怪的声音……因为我们生命起始本就带着好奇，而这份好奇中，并不存在"我不行"，这就是生命的探索本能。

· 模仿

"模仿"又是什么呢？通俗地说，是"你做到了，我也可以"，或者"你怎么做的，我可以照着做"。

婴儿无法用语言表达自己，但是婴儿可能会有"爸爸、妈妈会走路，我也想走路"的想法。

看到别人能做到某些事，我们自然也会跃跃欲试，就像游乐场飞镖转盘游戏的最好广告是不断有人投掷飞镖和赢走奖品；或者像化妆品广告里的美女用美丽向你证明了"轻轻一抹，魅力四射"的神奇功效。所以"有人能行，我也可以"的模仿逻辑也不包含"我不行"的意思。

---

[1]　摩谢·费登奎斯是一名犹太人，他是物理学家，柔道黑带高手，心理导师。他的主要成就是费登奎斯工作法。

也许，自卑心理的关键是从"没做过的，值得一试"和"有人能行，我也可以"，转变成"我不行，我做不到"。

**我就这样了**

"我就这样了"是一句类似下结论的陈述，通常出现在一场不愉快的对话的结尾，而对话的内容通常有下面几种：

（1）父母训诫孩子时说："你就不能好好收拾一下自己，表现得阳光一点儿吗？"孩子说："我就这样了，别管我。"

（2）公司裁员不幸被裁掉，想到自己不小的年纪，事业要从零开始，于是叹息着说："看来这辈子，我就这样了。"

（3）看着家里被自己砸坏的东西，回想着刚刚和伴侣的争吵，对自己说："我怎么总是这个样子！"

（4）某场考试或者工作项目的截止日期快要到了，但目前状况远不及预期，虽然还有几天时间准备，但还是忍不住对自己说："这次我也就这样了。"

上面几个例子当中的"我就这样了"，这句话在表达什么意思呢？我们来分析一下：

（1）意味着拒绝："这是我本来的样子，请你不要试图改变我。"

（2）意味着失望："这似乎是我的结局，看到现在的自己，就知道自己将来的样子。"

（3）意味着自责："我真是糟透了，怎么能够一直保持这么差的状态呢？"

（4）意味着放弃："不管我怎么努力，都改变不了现状，那就这样继续下去吧。"

总之，"我就这样了"似乎是个相对负面的总结，宁可承认自己的不堪，也不愿相信自己未来的可能性，削减着自己内心的希望。

要想打破这个思维模式，首先需要做的就是承认自己现在的决定会影响未来。

比如，10年前，你想破脑袋也不会料到自己将身在何处、经历何事。最失意的时候，可能也会认为"我就这样了"，但此时，我们身边的一切都可以证明过去负面的感叹仅是个人失准的预言——我们当然可以难过、失落，也可以为自己做出负面结论，但随着时间的流逝，我们必然要跨过往昔的边界。你一定听过"时间是一味良药"或者"时间可以治愈伤痛"，虽然时间本身不具有彻底消除过往心灵困扰的效果，但它永不停歇地向前推移，源源不断地提供新鲜体验，只要我们活着就能看到新的景色。

总之，"我就这样了"这样的感叹，都未必算得上人生的逗号，更不会是句号。

### 我想A，但是B

可以说，这是最常用的转折句式：

（1）一个孩子谈到学习说："我也想好好学习，但是我的注意力就是不集中。"

（2）一个青年谈到工作说："我想挣很多钱，但是我没有挣钱的办法。"

（3）一名主管谈到团队说："我希望咱们团队能够完成任务，但是资源太有限，经验又不够。"

（4）一名女士谈到婚姻说："我也想跟我的老公过下去，但是他总是发脾气，他一吼我，我就不想了。"

"但是"代表着转折，应用非常广泛，对于缺乏自信的朋友来说，有着相对固定的用法。比如，我想/我期待/我希望×××，但是我能力不足/有×××的困难。句子中附着的"因为能力不足，所以无法达成期待"的因果联系，一出口便像是在"长他人志气，灭自己威风"，如果要说这句话有什么作用，好像就是说服他人相信自己是"不行的"。

首先，我们分析一下"我想A，但是B"的表达可能有的内涵：

（1）意味着气馁或放弃："我就是做不到、完不成"。

（2）意味着自责或者外推责任："都怪我能力不足"或

"条件不允许"。

（3）表达失落或挫败："还没真正失败，但我已经满心失落"。

（4）在对话中，"但是"会让对方看见自己的弱小和失落，有助于获得他人的支持和帮助，"你看我有多困难，我内心很煎熬，我也想改变现状"。

其次，我们再拆开解读。前半句"我想A"，坦白地讲，这半句通常是非常虚泛的。比如"我想好好学习"，怎么样算是"好好学习"？是按时上课，还是仔细听讲？又或是认真做笔记？再比如，"我也想跟我的老公过下去"，怎么样过下去？继续现在的过法，还是需要做出更好的沟通过下去？或是两人井水不犯河水？如果用空泛的语言去表达"想要"的意思，那么很可能意味着说话者并不清楚自己想要什么。

接着，我们再看后半句"但是B"，很多人尝试通过"但是B"去表达自己想要什么：孩子渴望有集中注意力的方法，青年渴望有挣钱的门路，主管渴望团队资源充足、经验充沛，女士渴望有办法能面对伴侣的情绪——这样一说，好像缺的只是有效的方法。但有意思的是，通常运用"但是"句子的人很少表达"我会去找到这个方法"，就好像寻找方法的责任不需要自己承担似的。如果只有渴望，后续没有行动，那么这个人要的是改变还是安稳呢？

最后，如果把"我想A，但是B"延伸展开，可能是这样一段话："我想A，但是B。在解决B之前，我得不到A，于是我很挫败和气馁。我发现我非常需要解决B的办法，但是先这样吧。"

美国心理学家Eric Berne在其著作《人间游戏》一书中，把这个心理游戏称作"你为什么不……但是……"（Why don't you—Yes,but）。

比如给一位抱怨工作的朋友提建议：

建议者：你不开心，为什么不换个工作？

抱怨者：是啊，我也想过，但是我辞了职，连房租都付不起了。

建议者：担心收入的话，你为什么不先找到工作再辞职呢？

抱怨者：嗯，我是应该先找到下家，但是换个公司就相当于重新开始，太难了。

建议者：这样，我听说×××公司正在招人，你为什么不去试一试？

抱怨者：是，我也听说了，但是他们公司离我现在住的地方太远了，路上要花太多时间了。

上面的对话可以继续无数个回合，在这种心理游戏中说"但是"的人，一边可以赢得他人的关注，一边能够获得他人提供的办法，最后可能有两个结果：一个是建议者最后提不出抱怨者满意的办法，也就是"看看，你也解决不了我的问题"；另一个是建议者最后提出了抱怨者满意的办法，有行动力的抱怨者也许会试一试。如果尝试的结果很糟糕，那么跟之前的结局差不多，"看看，你最好的办法也不过如此"；如果办法效果良好，抱怨者就成功得到了建议者的"最佳帮助"。抱怨者用自己"受伤"的外表和言辞，向对方表达自己有困难，同时似乎隐藏着一份邀请，正像是"我有个困难，你要不要试试来解决一下"。这个过程尽管提建议的人会显得消息灵通、见闻广博，但谁更像是赢家呢？答案不言而喻，这就是心理游戏的魅力。

其实，要打破这个模式并不难，调整语言的顺序就会带来不一样的效果：虽然我能力不足/有×××的困难，但是，我想/我期待/我希望×××。比如上面的（3）（4）可以修改为：

主管谈到团队说："虽然资源有限，经验也有欠缺，但是我希望咱们团队能够完成任务。"

女士谈到婚姻说："虽然我老公吼我时，我就不想再见到他，但我还是想跟他过下去。"

稍做改动是否感觉好多了？是否能感受到说话者尽管有困难，却充满希望？那么，为什么差异会如此巨大？这是因为"但是"的转折被用在把前半段的否定转折到后半段自己的期待，于是这个句子就变成了对于自己期待的确认和肯定。

确实，人生会有失望和痛苦，但是也会有希望和快乐，关键在于我们更关注哪里。当我们更关注失望和痛苦，就算智慧如失马的塞翁，也可能说："马自己跑了，虽然可能会带回来其他的良驹，但是，我没办法把马找回来。"尽管描述的是同样一件事情，但这种措辞也得让智慧打折扣。如果相应地修改为"虽然我没办法把马找回来，但是马自己跑了，可能会带回来其他的良驹"将完全不一样。我想"塞翁失马，焉知非福"的智慧与其说是乐观，不如说是管理自己关注点的智慧。

管理自己的关注点，也许就能把握自己的人生动向。

## 小结

除了我们已经解读的以上三种情况，相对自卑的朋友常用的语言还有很多，比如："我没有办法""我不如别人""都是我的错""我真没用""都是因为我没有""万一我做不好怎么办"……

千万要重视语言的力量，因为我们的语言，不仅在向对方表达，同时也在告诉自己。要想走出自卑，你需要管理自己的语言，管理语言中的关注点。

也许以下问题可以帮你甄别自己的语言是在自我帮助，还是在自我打击：

·我的话偏向于积极，还是消极？

·我的话是在给自己的力量加分，还是减分？

·如果把我对自己说的话，当作是对他人说的，对方会感受到被尊重还是被冒犯？

·如果我们经常用消极、为自己减分、不尊重自己的方式跟自己沟通，那我们可能有哪些感受呢？

·怎样的语言既能够表达自己，又能多一些正向，或者至少能多一些客观中立呢？

澄清一下，这里想传达的并不是我们必须说"好话"，不是句句要充满"正能量"，而是我们需要更多地看到自己的语言对自己的影响，如果我们自己的话都让自己足够伤心和自卑，却不愿意改变，那又有谁能助帮我们呢？

相应地，当我愿意看到自己积极正向的一面，愿意小心呵护自己内在的力量，愿意尊重自己，当一颗心被这样对待，这颗心一定是感动而柔软的，同时也是勇敢而坚强的。这就是我们的方向，不是吗？

## 情绪：敏感内心的外在流露

观点最终是由情绪，而不是由理智来决定。——赫·斯宾塞

内心敏感，是很多人对于自卑者的共识。因为太多事情都会触碰他们纤细的心弦，被拒绝、被冷落、被怀疑、被批评、被比较，放在自卑者的内心世界统统都是惊涛骇浪。

但是，情绪不仅仅是情绪，每一种情绪背后都有一段内在的旅程。如果你了解自卑，那么也许下面这些场景你会感到熟悉：

①面对公众讲话或演讲

"我好害怕上台，面对那么多人，我肯定会紧张死的，万一我说错话怎么办？大家肯定会笑我，完了完了，我这样的状态肯定会忘词，我可不想当众出丑，好害怕他们会笑我……"

②面对人际交往或沟通

"见面好尴尬，我不知道说什么。如果因为我冷场了，那就丢死人了。如果这样，对方肯定就不会想再见我，好害怕

对方会说我不好。如果能知道怎么跟别人聊天就好了，我怎么这么笨？"

③面对他人谈论或评价

"他俩又在窃窃私语，真烦，为什么天天议论我？现在都有点害怕见到他们，要是能不用见他们就好了！"

④面对挫折或失败

"都怪我当时没有好好准备，我还是太没用了，以后我可怎么办，感觉自己什么都做不了。是不是我太笨了？为什么我总感觉别人比我聪明？"

⑤面对自我省察或反思

"如果能自信起来就好了，感觉天底下所有的人都比我好，没钱，长得也不好看，简直找不到生活的意义！"

看到这些内心独白，你会有怎样的感受？这些话你是否也曾对自己说过？这些语言附带的逻辑会不会让你感到无力反驳？

我想跟大家解释一下，为什么跟自己的对话，可以让我们感到如此糟糕？

因为，它们都是想法"污染"了情绪。

**被污染的情绪**

"感觉天底下所有的人都比我好"，这句话就是想法和情绪混合的代表，一边明显带着沮丧与痛苦的语气，一边在描述着思考和比较的结果，前者是感性，后者是理性。

人的神经系统真的令人惊叹，它可以在瞬间去尝试理解他人的语言，又几乎在同时延伸出各种可能的意思，而也正是在这个瞬间，我们内心的情绪会被调动。更重要的是我们跟自己的对话也会有如此效果。

"理性疗法"（REBT）的创始人阿尔伯特·艾利斯（Albert Ellis）认为，对事情不正确的认知会引起人的情绪和行为障碍；《非暴力沟通》的作者马歇尔·卢森堡博士提倡我们要区分感受和想法；《正面管教》的作者简·尼尔森建议我们要理清自己的私人逻辑——仿佛大部分心理工作者都在做的工作就是区分感性与理性。

对于相对自卑的人来说，感性与理性又是如何相互作用的呢？

比如，上述场景①，在面对公众讲话或演讲时候，以"害怕"为背景的心理活动："我好害怕上台，面对那么多人，我肯定会紧张死的，万一我说错话怎么办？大家肯定会笑我，完了完了，我这样的状态肯定会忘词，我可不想当众出丑，好害怕他们会笑我……"

我们用表格来解析一下这句话：

| 语言 / 表达 | 感性 / 情绪 | 理性 / 想法 |
|---|---|---|
| 我好害怕上台 | 恐惧、紧张 | 表达情绪，但更像在总结"我怕的是什么" |
| 面对那么多人 | 紧张、焦虑 | 怕上台的理由1，相对客观，演讲确实面对多人 |
| 我肯定会紧张死的 | 紧张、恐惧 | 怕上台的理由2，实际夸大情绪的负面结果 |
| 万一我说错话怎么办 | 担忧、焦虑 | 怕上台的理由3，片面的思考，必要但不全面 |
| 大家肯定会笑我，完了完了 | 紧张、焦虑 | 怕上台的理由4，片面的结果，非常不全面 |
| 我这样的状态肯定会忘词 | 担忧、焦虑 | 怕上台的理由5，担忧扩大化，从行为变为状态 |
| 我可不想当众出丑 | 担忧、焦虑 | 怕上台的理由6，扩大担忧，上台约等于出丑 |
| 好害怕他们会笑我…… | 恐惧、焦虑 | 表达情绪，但包括认为他人不友善 |

**看完这个表格，我邀请你思考这样两个问题：**

· 这段话究竟有没有表达情绪，或者说关注情绪？

· 这段话里，是情绪影响了想法，还是想法影响了情绪？

下面分享一下我的思考与回答:

问题1: 这段话究竟有没有表达情绪, 或关注情绪?

我的回答是: 这段话并没有表达情绪或关注情绪。

读这些内心独白时, 也许我们确实能感受到情绪, 这意味着这些表达的词句会触动和引发我们的情绪, 但并不代表着"表达情绪"。

这整段话是沉浸在情绪之中用理性思考的结果, 几乎都在描述自己的观点。最简单的验证方法是, 在每句话前面加上"我感觉"或者"我认为", 看哪一种读得通。

·"我感觉, 面对那么多人, 我肯定会紧张死的。"

"我感觉, 我这样的状态肯定会忘词。"

·"我认为, 面对那么多人, 我肯定会紧张死的。"

"我认为, 我这样的状态肯定会忘词。"

显然, 第二组更符合我们的语言习惯, 也就是说"会紧张死""肯定会忘词"是自我的认识, 而非真实的感受。

另外, "我好害怕上台"和"好害怕他们会笑我"这两句虽然包含着情绪词汇, 但如果说情绪是一篇跌宕起伏的文章, 那这两句陈述就是做总结, 就像是在说, "没错, 这就是我害怕的东西"。这确实算不上表达情绪, 甚至与情绪不怎么接近。

也许你会好奇，那怎样才是表达情绪呢？

其实很简单，把"我好害怕上台"和"好害怕他们会笑我"这两句修改为表达情绪的句子："当我想到要上台演讲，我感受到害怕""当我想到他们也许会笑我，我感受到害怕"，或者说更简单的一句就是"我害怕"。

问题2：这段话里，是情绪影响了想法，还是想法影响了情绪？

我的回答是：这段话是想法加剧了恐惧情绪，尽管个体本身陷入了恐惧，但恐惧并未得到关注和缓解。

因为在这段话中不断提及的是："会紧张死""万一说错，大家会笑""我会忘词，当众出丑"——总之都是相当糟糕的结果，同时在表达者看来这种担忧几乎等于现实。而如此的思考方式怎能让人不害怕呢？

这种思考方式就像是在说，"只有我有完全的把握，有能力处理所有突发情况，我才会放心去做"。但自己的注意力越是放在极难把控的部分，如他人的回应、态度，或是过程中的突发情况，我们就越感觉到恐惧和失控，相比之前这些情绪就是额外增加，所以可以说是想法和思维夸大或加剧了情绪，甚至可以说"污染"了情绪。

其实这种思维"污染"情绪的现象在心理障碍的人群中

都有体现，比如疑病症[①]，担心自己万一得了某种疾病；焦虑症（慢性焦虑）[②]，对不确定的事物感到担忧和紧张；恐婚症[③]，因为对婚姻的某个方面担忧而拒绝婚姻——在这些心理障碍中都可以看到思维加剧情绪困扰的现象。

而当情绪被加剧之后，就像害怕升级到恐惧，再升级到惊恐，或是生气升级到愤怒，再升级到狂怒。当我们独自面对惊恐或狂怒，就显得特别脆弱，于是就很容易被情绪所控制。

通过这两个问题，总结一下自卑者的内在对话、想法和情绪活动，会有以下结论：

· 情绪是存在的，但不被直接关注。

· 想法"污染"了情绪，情绪被扩大了。

· 加剧后的情绪，在陷入情绪的时候确实很难处理。

---

① 疑病症，主要指患者担心或相信自己患有一种或多种严重躯体疾病，而就躯体症状反复就医，尽管经医学检查反复显示为阴性，医生给予相应的医学解释也不能打消病人的顾虑，常伴有焦虑或抑郁。

② 焦虑症（慢性焦虑），在没有明显诱因的情况下，患者经常出现与现实情境不符的过分担心、紧张害怕的情绪，这种情绪常常没有明确的对象和内容。患者感觉自己一直处于一种紧张不安、提心吊胆、恐惧、害怕、忧虑的内心体验中。

③ 恐婚症，社会舆论对婚姻生活的负面宣传是"恐婚症"的发病原因之一，媒体经常就如何处理婚姻关系进行各种讨论，这种社会氛围使尚未走入婚姻的人们感到一种无形的压力。对婚后生活的过多考虑在面临婚姻时的表现形式就是对结婚的恐惧和逃避，很多人因此推迟结婚，甚至宁愿独身，也不愿意"受罪"。

### 追求情绪自信

读完上一小节我们可以看到，对于自卑的人来说，其实他们的理性也很强大。那么。自信跟理性和感性是怎样的关系？自信又是如何体现在想法和情绪上的呢？我来分享以下三点：

### 情绪自信

我们都想远离自卑，找回自信，可这句话并不具体。怎样才叫自信呢？自信有怎样的表现？如果把一个人拆成感性部分和理性部分，那自信的感性部分和理性部分分别是什么样的？哪一部分更能帮助我们做到完整的自信呢？

首先，我们看看自信的定义。自信就是自信心（confidence），近似于心理学中班杜拉（A.Bandura）在社会学习理论中提出的自我效能感（self-efficacy）的概念，是指个体对自身成功应付特定情境的能力的估价。自信与否原本是描述人在社会适应中的一种自然心境，即人尝试用自己有限的经验去把握这个陌生世界时的那种忐忑不安的心理过程。

我尝试用一个表格分享我的思考：

|  | 自卑 | 自信 |
|---|---|---|
| 感性 | 脆弱、起伏，易受想法的影响和控制 | 稳定、泰然自若，不易受负面状况影响 |

续表

| | 自卑 | 自信 |
|---|---|---|
| 理性 | 片面、僵化，关注负面的因素和结果 | 全面、合情合理，正知正见，富有弹性 |

那么，自信的感性部分和理性部分，哪个是决定性的因素呢？

我想，肯定是自信的感性部分。

因为自信作为个体的内在品质，使我们在自己头脑还不确信的时候内心仍然有稳定感，可以是对自己的乐观与信任，也可以是泰山崩于前而面不改色的坚定。也就是说，对于追求"自信"的人来说，渴望的其实是"情绪自信"。所以如果你想要自信起来，重要的是找到能够安抚自己的心灵、让自己的内在安稳的办法。

**自信是为了什么**

虽然我们都希望自己能成为自信和高情商的人，但情商的高或低、自卑还是自信，与人的成就并没有必然联系，比如，我们可以看看以下这些曾轰动世界的人物：

·中国数学界的天才人物陈景润，可以算是理性发达、思虑全面的代表人物，他证明的命题"1+2"，将200多年未解决的哥德巴赫猜想推进了一大步，被国际上誉为"陈氏定理"。可是他年少时一说话就紧张，在以优异成绩毕业成为老师后，在讲台上也很少能说出一句完整的话。他一直被称为"痴人"或"怪人"。

·贝多芬的作曲天赋享誉全球，可这"天赋"是被逼出来的。他爸爸约翰本身不得志又爱喝酒，一心盼望贝多芬变成"莫扎特第二"，常半夜把他抓起来反锁在房间并逼他练琴，弹不好就一巴掌甩过去，这造就了贝多芬脾气暴躁的性情，他被称为"常人难以忍受的人"。无论是王公贵族，或是商贩随从，他都一概粗鲁对待。他曾说："亲王，您之所以成为亲王，是因为偶然的出身而已；而我之为我，完全是靠我自己。像您这样的亲王，现在有的是，未来也有的是；而贝多芬，却只有一个而已。"

·爱因斯坦，伟大的物理学家，而他的个性像牛顿一样，沉默寡言且脾气怪得吓人。爱因斯坦对他第一任老婆米列娃的态度非常恶劣，甚至还有几次婚外情，他曾经对妻子说："你不用期望从我这里获得任何亲密的行为，你也不能以任何方式来责难我。"

你愿意去过陈景润、贝多芬或是爱因斯坦的人生吗？

他们在自己擅长的领域有无穷的自信，只是少了份处理情绪的智慧，他们像我们一样也会有人生的痛苦和情感的困扰，也可能同样带着原生家庭的创伤，但同时，他们是如此有天赋和成就。当了解到他们脾气怪异甚至暴躁的时候，你愿意成为像他们这样的人吗？

很多人认为自卑是坏事，仿佛生活的各种困难，都可以通过变得自信而轻松解决，甚至对很多人来说，自信意味着成功。可是真正的成功人士，并非如我们所想的那么完美，所以我们不得不思考一个问题：我们追求自信究竟是为了什么？

如果让我来回答这个问题，我会说，自信是在面对困境的时候从容不迫、游刃有余地处理人际关系，以求给他人留下个好印象，甚至可以巧妙地化解生活、工作中的难题。总之，自信就是可以用自己有限的经验面对陌生世界的时候仍然有十足把握和良好心态。

因此，追求自信，就是追求坦然面对未知的良好心态。而这不就是面对情绪时的自信的感性吗？

### 改变的途径

每个人都想离苦得乐、把握人生，这无可厚非。可是，我们要如何从自卑变得自信呢？也许你可以尝试填一下下面这份表格。

|     | 自卑 | 如何改变 | 自信 |
| --- | --- | --- | --- |
| 感性 | 脆弱、起伏，易受想法的影响和控制 |  | 稳定、泰然自若，不易受负面状况影响 |
| 理性 | 片面、僵化，关注负面的因素和结果 |  | 全面、合情合理，正知正见，富有弹性 |

我相信，大多数人都知道如何提升理性的自信，比如通过阅读、听课和学习、思考和反省，拓展思维方式，增加阅历和经验，等等。而感性的自信，要如何才能达到呢？

最重要的一点是，有能力透过负面的情绪发现自己的需求，用温和的方式爱护自己，跟情绪做朋友，理解自己的内在，给自己安全感。而要想做到这些也并不容易，需要具备几个能力：允许情绪、觉察情绪、理解情绪、表达情绪，想办法照顾自己的需求，等等。

这些内容在第五章中将会有详细介绍，而这一切的基础是发现和理解情绪。

· 在自卑的表现之下，有哪些情绪需要被我们自己理解呢？

· 那些被想法污染的情绪，在被污染之前是怎样的呢？

·如果一开始那些原始的情绪就得到了很好的照顾，会对思维有怎样的影响呢？

|  | 自卑 | 如何改变 | 自信 |
|---|---|---|---|
| 感性 | 脆弱、起伏，易受想法的影响和控制 | 有能力透过负面的情绪发现自己的需求，温和地爱护自己，跟情绪做朋友，理解自己的内在，给自己安全感 | 稳定、泰然自若，不易受负面状况影响 |
| 理性 | 片面、僵化，关注负面的因素和结果 | 阅读、听课和学习、思考和反省，拓展思维方式，增加阅历和经验 | 全面、合情合理，正知正见，富有弹性 |

### 原生情绪和派生情绪

借用德国著名心理治疗师海灵格[①]对情绪的分类方法，我们将主要的情绪体验分为两种：

·原生情绪，也就是我前面提到的未污染的情绪，即事

---

[①] 海灵格：伯特·海灵格（Bert Hellinger），德国心理治疗师，"家庭系统排列"创始人。年轻时是天主教神父，曾在非洲祖鲁族地区生活二十年，之后接受心理分析、完形疗法、原始疗法及交流分析等训练。他发现很多个案皆跨越数代并涉及家庭其他成员，进而发展出许多"家庭系统排列"的新洞见与新技巧。

件发生时最初产生的感受，如亲人去世会悲伤、受人辱骂会愤怒等，它的特点是和外在事件相应而生，是自然、真实不做作的表达，能够感染他人，通常与需求相应，需求满足了，情绪自然就会消失。

·派生情绪，也就是我提到的被污染的情绪，即为了逃避原生情绪而发展出的种种感受。派生情绪通常是压抑和逃避原生感觉后的表现，往往很夸张，无事情相伴。派生情绪通常会使人感到弱小，进而会抱怨、烦躁，甚至产生暴力，这些感觉表达背后通常不是需求，而是对挫折、痛苦、困难、创伤的排斥，所以不能帮助我们更好地行动。

（注：除此之外还有转移情绪、超越情绪、工具性情绪，等等，在此不做详细论述）

如果我们回看本章节开始时所分享的几个例子，"要面对那么多人，我肯定会紧张死的""好害怕他会说我不好""要是能不用见他们就好了""感觉自己什么都做不了""感觉天底下所有的人都比我好"，这些通通属于派生情绪，也就是已经被污染过、夸张过的情绪。

那些原始的、自然的、可以带我们有所行动的原生情绪在哪里呢？对于相对自卑的朋友来说，经常会面对哪些情绪呢？这些情绪当中哪些是原生情绪，哪些是派生情绪呢？

### 恐惧与挫败

"我好害怕上台""好害怕他们会笑我""好害怕他会说我不好"，这些句子看似在表达恐惧，但其实包含了很多其他的感受。

以"好害怕他会说我不好"这句来举例，与其说是害怕见到对方，不如说是害怕"见到对方可能发生的事情"，而这种预期和预判来自过去糟糕的体验，比如自己曾经被嘲笑，或者当众出丑，或者样貌被负面评价，等等。这些经验当中也许包含着负面的感受，比如尴尬、羞愧、失落，不过大致可以归结为挫败感，就是"我预期有好结果，但现实与预期却不一致"。

这份想到对方而产生的挫败感，虽然并不真的来自对方，却是由要见对方而引发的，于是就"理所当然"地认为，如果避免见到对方，那么痛苦就可以消失了。不敢上台演讲也是同样的逻辑：如果我避免去做这件事情，我就可以不用痛苦了。但实际上并非如此，因为，当我们害怕上台演讲这件事情的时候，在我们恐惧情绪的深处，那些过去的伤口就已经隐隐作痛，而那些伤口才是挫败感的始作俑者，同时，那个伤口一定被忽略了很久。

这种忽略也意味着不相信自己能解决这个问题，于是同样的情景的出现就意味着自己的失败。确实，如果我们面对的是暴力袭击，那保证自己远离对方就是最好的保护，可是现实生活更多的是诸如上台演讲、表达需求、当众说话甚至结交朋友一类的活动，如果面对这些都如履薄冰，那生活必然将是处处恐惧，失去鲜活。所以我们需要做的，是面对自己内在的原生情绪，好好照顾过去受伤的自己，这样才会逐渐形成感性的自信。

另外，我们也可以参考那些看上去自信的人是怎么做的。

比如面对自己的失误、错误甚至失败，那些相对自信的人通常会大方地承认，当然，这不代表他们就不会因犯错而困扰，很可能一样会愤怒、失落、懊恼，但同时也会思考如何避免失败，如何缩小差距，如何取得成功等，这样挫败感就有机会变成自我提高和进步的动力，而当再面对失败，也就不容易陷入恐惧。

### 恐惧与畏惧

看到标题，也许你会有疑问，恐惧和畏惧不是一样吗？

但在这里，我想表达的是两个概念，一个是情绪，另一个是心境①。简单来说，情绪短暂而强烈，心境微弱而持久。

---

① 心境：一种比较微弱而持久的、使人的所有情感体验都感染上某种色彩的情绪状态。心境具有弥散性和长期性。心境的弥散性是指当人具有了某种心境时，这种心境表现出的态度体验会朝向周围的一切事物。一个在单位受到表彰的人，觉得心情愉快，回到家里同家人会谈笑风生，遇到邻居会笑脸相迎，走在路上也会顿觉天高气爽；而当他心情郁闷时，在单位、在家里都会情绪低落，无精打采，甚至会"对花落泪，对月伤情"。

当过去的痛苦和创伤困扰着我们，而且心里认定某个问题是无法解决的，"我没有办法""我做不到""我就是不能"……那么挫败感就会时常萦绕在我们心头，于是得到的结论就是：无论做什么都会失败，不管做什么都做不好。持久的挫败感很可能会成为一种心境，这种心境的趋势就是畏惧、退缩、止步不前。"风声鹤唳，草木皆兵"，讲的就是内心已经产生胆怯和畏惧感，风吹草动都变得可怕。

而要想消除自己的畏惧感，首先必须安抚自己惶恐的内心，而且需要在相对安全的环境中停留足够长的时间，同时尝试在保护中与恐惧玩耍，或者挑战恐惧的边界。因为造就畏惧感并非一朝一夕，要消除这种心境更加需要温和的耐心。而与此同时，我们也要意识到，包括恐惧在内的各种情绪是伴随我们一生的，学会如何跟它们相处是很重要的课题。

### 内疚与羞耻

"要面对那么多人，我肯定会紧张死的，我可不想当众出丑""见个面好尴尬，如果因为我冷场了，那就丢死人了"，对于很多自卑的朋友，都曾用这样的话表达过自己的感受——我那时候恨不得找个地缝钻进去。

出丑、丢人、找地缝钻进去，这些都是对羞耻感的描述。罗彻斯特大学临床心理学家Gershen Kaufman在他的著作 *The*

*Psychology of Shame* 中写道："羞耻是灵魂的疾病，它是自我体会到的、关于自我的一种最令人心碎的体验，羞耻是我们体内感受到的伤口。"这足以体现羞耻感对于个体心灵的巨大破坏。英文羞耻（Shame）的词根意为"去遮蔽（to cover）"，也就是"把自己遮挡起来"。羞耻感对人的影响也确实如此。在我看来，羞耻感是种自我惩罚，通常出现在有道德评价的情境下，比如做坏事被抓住就会产生羞耻感，同时也意味着需要被惩罚。一时间，"犯罪之人"相比他人显得价值更低或者地位更低，如果还要不断面对自己伤害的人，那么感受就更为糟糕。由此可见，羞耻更像是对自己的人身攻击。

用"如果因为我冷场了，那就丢死人了"来举例，这句话表达的是由自己造成的冷场就似乎该感到羞耻，"冷场"确实可能意味着"说错话"，可是从"说错话"到"丢死人"之间，似乎还有很大的距离。这个距离中有什么呢？

·自己对自己的评判，说错了话意味着自己有问题。

·外界对自己的评判，说错了、场冷了他人就会责怪，他人会认为我有问题。

·关于行为和品质之间联系的认识，做了不好的事情约等于是不好的人。

·关于行为结果的内在奖惩制度，不好的人要被惩罚，其中一个惩罚也许是"低劣"的，人存在价值更低，感受上也就是产生羞耻感。

羞耻感是被污染的内疚感。"如果因为我冷场了，那就丢死人了"这句也是如此：当我"说错了话"，他人可能会因此感觉到困扰，这的确具有真实性，因为我们没有办法保证自己讲话时其他人都满意，如果确实自己的话让他人陷入痛苦，我们感受到歉意，这很自然。

不得不说，在西方文化中的情绪表达相对容易。"Sorry"这个词，可以表示遗憾惋惜，也可以表示难过歉疚，还可以表示惭愧不忍，所以才会有影视中当不小心提到他人的亡故亲人时，都会说一句"I'm sorry！"表达的就是因自己的言辞引发对方的不适，于是产生了内疚感。但是如果在此情境产生的是羞耻感，"我怎么会这么说？我太不懂事了，我简直笨到连别人难过都看不出来，以后还是不要说话了！"——这很明显就自责过了头，可以说羞耻感是内疚感的自虐加强版。

突破羞耻感的难点在于我们要做到在产生内疚感时避免对自己做出负面的结论，因为在被负面感受包围时，头脑很难进行正向的思考。或者说，我们的认知和情绪其实是两个系统，人的情绪有起有落，但头脑的认识和想法却希望找出"固定的规律"，总是感受不好，就可能意味着自己做得不好，或者自己本身有问题——这就是认知和情绪被混合在一起了。我们需要学会区分认知和情绪，这点在第五章中将会更清晰地进行解读。

**悲伤与愤怒**

"如果能知道怎么跟别人聊天就好了，我怎么这么笨""都怪我当时没有好好准备，我还是太没用了""如果能自信起来就好了，感觉天底下所有的人都比我好"……这些是自我攻击、自我批判的典型用语。

不论内疚感还是羞耻感，其实都包含着愤怒，只是对于已经认定"自己不好"的人来说，自己才是最值得被批判的人，于是就向自己泄愤。

不过，心理学常用"冰山理论"①来解释行为表现和内在心理之间的关系，如果愤怒是表象，那么愤怒的背后是什么呢？

虽然答案不会是绝对的，但是悲伤或伤心一定是最核心的部分。

比如，因为不懂如何聊天而骂自己笨，这份对自己的不满，是因为发现自己缺乏能力而感到挫败，挫败会使人伤心，

---

① 冰山理论：是萨提亚家庭治疗中的重要理论，实际上是一个隐喻，包括行为、应对方式、感受、观点、期待、渴望、自我七个层次。它指一个人的"自我"就像一座冰山一样，我们能看到的只是表面很少的一部分——行为，而更大一部分的内在世界却藏在更深层次，不为人所见，恰如冰山。

同时在这份挫败之前，一定还有某些关于沟通的不愉快体验，不愉快的体验引发的感受也会有伤心。

当对自己的批判到达极点，我们会对自己说什么呢？

在我的心理咨询经历中，曾听到有不少人说"我恨我自己""我想死"或"我想杀了自己"，这些话有愤怒、有内疚，也有羞耻感。其实，对我个人而言，每个月也可能有三五次会狠狠地责怪自己。这些攻击性情绪的出现，意味着我们的生活遇到了问题，或者说遭受着痛苦，而人的痛苦都是由失去引发的。

生，是失去子宫的温暖；老，是失去青春的年华；病，是失去健康的体魄；死，是失去存在的权利。而由失去引发的最核心的心理感受，就是悲伤。

所以，不论我们有多生气，不论我们责怪谁，心灵深处都是悲伤的。这跟之前所讲的如何达到"情绪自信"相一致，就是我们需要想办法照顾自己内心脆弱、敏感、受伤的那部分。想象一下，如果我在心灵的深处允许自己说话缺乏技巧，允许自己在某些语言不恰当时用道歉去处理自己的内疚感，允许自己无法一蹴而就地做到极致，允许自己对自己表达不满，之后也允许自我原谅，允许自己伤心和脆弱，允许愤怒的到来……当我们真的能用如此的"允许"去对待自己，心里是会继续愤怒，还是会更平静一些？

**小结**

很遗憾，只要我们活着就无法摆脱情绪，而我们对于人生体验的评价又如此依赖情绪，所以情绪很像是亦正亦邪、亦敌亦友的存在。

当我们发现自己陷入了消极负面的情绪当中，也许迫切需要做以下两件事：

·阻止负面的思考污染情绪，用全面、客观、正向的理性去引导自己。

·学习观察、理解和安抚自己的情绪，给自己安全感，成为能够温暖自己的人。

总而言之，停止自己去制造内心的痛苦，情绪体验很多时候是自然的，但在负面思维的污染下，夸张而巨大的情绪就会淹没我们，而我们本可以阻止这一切，比如选择温柔地运用理性，同时坚定地支持感性。

## 面具：脆弱情感的行为表现

被人揭下面具是一种失败，自己揭下面具却是一种胜利。——雨果

　　前两节写了思维和情绪的相关内容，这两者都是内在心理活动，但是我们的挑战同样也来自外在。接下来我们就来探讨自卑对人际关系的影响。

　　题目中提到的面具，也就是人格面具，这个词来源于希腊文，本意指演员的角色面具，后被荣格用于自己创立的人格分析心理学理论。他在《原始意向和集体无意识》一书中写道："人格面具是个人适应或他认为所采用的方式对付世界体系。"

　　简单来说，一个人的面具就是应对方式，但面具毕竟不是人的本身，就像演员会因成功塑造某个角色而被人熟知，而不代表演员就要像这个角色一样活着。接下来我们透过案例一起看看跟自卑有关的面具……

### 回避的讨好者

　　小A辞职后在家待了近1个月，她一想到要找工作就会害

怕，说自己会抑郁和自卑，甚至不想出门，于是向我求助。

小 A：我特别害怕别人议论我，而且一遇到事就紧张得说不出话，现在都没办法工作了……

我：嗯，你提到害怕别人说你，那具体是害怕别人说你什么呢？

小 A：我长得不好看，还有点胖，又不爱说话……就感觉他们总是在议论我……有一次听到他们在办公室聊自闭症……我没听清，但我觉得是在说我……

我：那你这么在意，当时没有去确认一下吗？比如问问同事在说的是谁。

小 A：那怎么行，那样一问，不是显得我更奇怪吗？如果本来不是说我的，问了之后，他们肯定会议论我了。

我：嗯，担心被议论，也是这个原因让你辞职吗？

小 A：有个男同事喜欢我，可是我不喜欢他，也觉得好像他不是真心的，因为有次我看到他盯着我们办公室另一个挺漂亮的女同事，想到追我的男同事又在看别人，就觉得有点反胃。他还给我送了好几次花。之后，虽然我们没在一起，但同事们还是开始风言风语起来，而且有一些话挺难听的。我每天到了公司就觉得非常别扭，于是辞职了……

我：你觉得是什么让你有想离开的感觉呢？

小A：我怕被人说。

我：也许看上去是这样，不过，如果其他人说的都是你的优点呢？比如小A其实人挺好的，比较低调内敛，人挺温和的，等等。如果大家议论的是这些，你还会辞职吗？

小A：嗯……他们肯定不会说这些……如果这样，应该就不辞职了吧！而且，可能会挺开心的！

我：那你其实怕的不是别人说你，而是怕别人说你不好。

小A：那肯定的，人应该都是怕的吧。

我：你一定也在办公室里听同事吐槽他人吧！比如你们上司或者其他同事？那些被议论的人，会完全不知道自己被议论吗？他们怕不怕呢？

小A：是哦！他们好像不怕！可我为什么做不到呢？

我：另外，如果别人说你不好，会发生什么呢？

小A：嗯……我会觉得很紧张，很没面子，然后就一直想自己做错了什么，还很想躲起来！

我：这个过程就像是，你一方面希望得到他人的认可，另一方面又很担心其他人觉得你不好，当你很担心的时候你就"逃跑"了？

小A：对！我就是这样，特别矛盾！

我：那你做了哪些事情去赢得他人的认可呢？

小 A：我工作会很努力，有同事要帮忙，虽然不是我的工作，我也会帮。我会尽量去搞好同事关系，有个同事喜欢我靠窗子的位置，我不想得罪她，就换给她。另外，我不喜欢议论别人，平时我比较熟的同事，也是她们说，我听着，她们都说我适合做心理老师，因为我特擅长倾听——但其实我还是不喜欢她们，觉得她们在背后肯定也议论我！

我：听上去，你做了很多自己不愿意做的事！

小 A：是的，其实我还挺喜欢这份工作的，但不知道怎么面对他人的议论……

相信小 A 的这些心理活动很多人都或多或少体验过。不难看出，小 A 对于自己的价值并不确定，仿佛对此她并没有发言权，而是取决于身边人的看法。这种情况通常意味着人的自我价值较低，为了弥补内心价值感的坑洞，他们会付出各种努力。方式主要有两种，一种是讨好，就是不看重自己，取而代之的是看重他人的感受和评价，于是面对他人的请求和要求，自己就无法拒绝，因为对方失望的话，自己更会体验到自己的低价值；另一种是回避，就是避免被评价，跟他人保持距离，避免展现自己，做起事情就小心翼翼或躲躲闪闪，经常选择退缩和放弃，就更少有机会培养和发挥自己的能力。用表格总结一下：

| 面具 | 回避的讨好者 | 描述 |
|------|------------|------|
| 内在矛盾 | 讨好 | 渴望被认可，希望自己是"好的"，看重他人的感受和评价 |
| | 逃避 | 回避批判，害怕自己是"不好的"，害怕冲突而隐藏需求 |
| 内在描述 | 内心独白 | 我对你好，并且不添麻烦，这样对你来说我就有价值了吧 |
| | 负面情绪 | 忽略自己的委屈、对冲突的恐惧、价值感不稳的迷茫等 |

　　而这两点在小A的身上都有体现，我们也能看到她对自己的评价是很低的，他人的言行举止对小A来说影响巨大，以至于她自己都得出了"没办法工作"的结论。

　　后来小A说，她也知道别人讲话是别人的事，不过一听到别人的评论，自己的情绪就翻涌起来，甚至有种晴天霹雳的感觉，这些感受从小就有。小时候她爸爸很少管她，而妈妈异常严格，脾气暴躁，所以即使自己已经二十几岁，仍然很怕妈妈，甚至不愿回家。

　　听完她的人生经历，我对小A说："小A，你得帮助自己，你得了解自己的情绪，你的委屈在希望你勇敢表达，你的恐惧在促使你寻求安全，不被照顾的情绪很少自动消失。"

关于他人的评论，我对小 A 说："我们确实无法堵住别人的嘴巴，因为说我们好的人会有，说我们不好的人一样会有。你用别人的评价好坏来要求自己，这会让自己很累，当然这个模式源自你和父母之间的互动，他们对待你的方式不那么恰当，不过现在他们并没有攻击你。"

当带着小 A 处理完原生家庭的关系伤痛，她放松下来，我就告诉她："现在你是个成年人，你可以尝试选择不一样的方式，比如，用别人的评论去锻炼自己分辨是非的能力，或者，用别人的评论去锻炼如何保护好自己，再比如，用别人的评论去帮助自己找到想要的一切……"

有时候，我们需要温柔而勇敢地收回他人对我们人生的发言权，他人当然可以发表评论，但是应由我们自己来决定什么是有帮助的。

### 完美的追求者

身处重点高中高二尖子班的小 B，发现自己写作业越来越慢，甚至常常完成不了作业，她以为自己有"拖延症"，于是向我求助。

小 B：老师……我有拖延症……我不知道……该怎么办？

我：通过哪些表现，你判断自己有拖延症呢？

小 B：就是写作业……特别慢……

我：那，你愿意写作业吗？

小B：还行，大部分比较容易……

我：那你作业的哪些部分会让你觉得很有挑战呢？

小B：就是那些比较难的题目……我一做就会做很久……

我：能有多久呢？

小B：起码半个小时，有时候还要多……这样一来，想把作业都写完，有时候就到凌晨了……

我：就是说，你有大概半小时的时间，都在攻克一道难题？

小B：嗯，一开始就很努力地去解题，后来就容易走神，就很想看手机、玩电脑……

我：你有没有尝试请教老师，或者问同学？

小B：没有，我们老师说"要像考试一样地写作业"……很羡慕那些什么题都能做出来的同学，我在班里垫底，真的不好意思问，感觉像是要抄人家作业……

我：嗯，做不出作业中的题目，是会让你挺失落的，其实，你对自己还是有期待的，半个小时做不出题，心里的挫败感会一点点地增加，我说的对吗？

小B：嗯，很可能是这样的……

我：坦白讲，当你在一道题目卡了半个小时，累积的挫败感已经很多了，那时候你的状态已经不适合继续写作业了。就像是矿工有块矿石半个小时都没敲开，最好的做法就是休息，而不是去别的地方继续敲矿石。

小B：嗯，所以，我真的很羡慕那些不怎么费力，又成绩很好的同学……我怎么就不是呢？

负责任地说，小B是个很努力的孩子，甚至在很多人看来已属优秀，就算在重点班垫底，其实在学校仍然是成绩优异的，但是她自己却不这么想。

小B的"拖延症"并非是真的拖延症①，她是发现现状达不到预期之后，累积了大量挫败感，但对于写作业的"完美期待"又要求自己独立、完美地解决作业问题，于是她就处在了"想做而做不到"的状态里。在与优秀同学的对比中，这种挫败不断加剧，于是写作业就变成了小B学习中不断面对自己挫败感的过程，但潜意识的自我保护会本能地回避这些负面体验，在避无可避之时怎么会不"拖延"呢？于是就出现了转移注意力的好方法，看手机和电脑——我不做，就不会失败了。

我没有去认定小B是自卑的，不过她的失落、挫败、对自己失望等情绪，确实是自卑者常有的"完美"期待。她在被

---

① 拖延症：是指自我调节失败，在能够预料后果有害的情况下，仍然把计划要做的事情往后推迟的一种行为。

难题卡住的时候，很难体验到越挫越勇的激动，并不是因为她缺乏成功的潜质，而是因为她无法接受自己的失败。

| 面具 | 完美的追求者 | 描述 |
|---|---|---|
| 内在矛盾 | 完美主义 | 对自己有较高期待，完成期待则感到满足，完不成则自我攻击 |
| | 避免失败 | 失败是不好的、没价值的，厌弃失败的自己，尽力避免失败 |
| 内在描述 | 内心独白 | 我做到最好就值得被爱和认可了，所以必须消灭失败的自己 |
| | 负面情绪 | 自我批判引发的内疚、罪恶感、挫败感、失落感等 |

对于小B，我为她提供了一个心法和一个方法。

· 心法

要想接近成功，必须面对和接受失败的自己。

每天面对着身边比自己优秀的同学，体验挫败和失败是不可避免的，需要学会恰当地处理失败。比如，在遭遇挫败之后做一个总结，其中最关键的内容是，在此次失败中我有哪些做法是成功的，100分得了80分，那么这80分我是因为做对了哪些而得到的，我如何用同样的方式获得更高的分数？——这样的思考就是在扩大自己的优势，同时聚焦在成功的经验上，这样自信就会慢慢建立起来。

·方法

学会放弃沉没成本[①]。设定一段时间，比如5分钟，去判断一道题自己究竟能不能够做出来，如果5分钟后已经基本确认不能完成，那么立刻去做其他容易的题目，用容易的题目帮助自己累积信心，信心足够了，就可以再次发起挑战，而判断能否做出题目的5分钟就是被允许沉没的时间成本。放弃是为了可以保护未来的25分钟不被卡住。

分享了心法和方法后，我接着带小B分析了老师所提到的"像考试一样地写作业"这句话。这句话的严重性似乎被小B夸大了，她的理解似乎是"只能自己做，做不出来就相当于考试没考好"。但我想，也许老师想表达的是"大家要认真地对待作业"。写作业的一个很重要的目的是训练能力，所以如果通过请教老师或询问同学得到解题思路之后，再好好消化这些帮助来提高自身的能力，那么就相当于达到了写作业的目的。小B若有所思地点点头，我想这也许对她已经有所启发。

---

① 沉没成本，是指以往发生的，但与当前决策无关的费用。从决策的角度看，以往发生的费用只是造成当前状态的某个因素，当前决策所要考虑的是未来可能发生的费用及所带来的收益，而不考虑以往发生的费用。

对于自卑的朋友来说，导致价值感比较低的原因之一就是不断拿自己和外界比较，而为了在比较中能够有足够的资本，就必须严格要求自己，最好做到完美。然而要求越高，失败的概率就越大，失败、犯错所产生的心理影响也就越严重。所以，难以接受挫折和失败就变成一种自卑心理的障碍。不如放松一些，只要我们愿意向失败学习，失败从来都不是终点。

**紧绷的过敏者**

焦虑、抑郁、失眠，这是小C对自己状态的描述。她是一名普通单位职工，工作压力并不大，但紧张和失眠却总是困扰着她，她的心理医生开了抗焦虑和安眠的药物，但还是建议她寻求心理咨询的帮助，于是她找到我。

小C：我很容易陷入紧张情绪，而且休息不好，有时候一点小事都会让自己很不安，我不知道怎么放松下来。

我：你觉得什么样的事情会让你陷入紧张呢？

小C：比如，我不懂怎么处理人际关系，在公司也不怎么说话，看到同事们在聊天，我也不敢过去，因为我不知道说些什么。

我：嗯，还有其他的吗？

小C：就比如说单位有个门卫大叔，每次我从那里走，他总是会打招呼，我就会很紧张。虽然知道什么话都不说也行，但我不知道怎么表现才算正常，我也不想他觉得我很奇怪。反正就像这些小事都会困扰我。

我：嗯，那你期待我为你做点什么呢？

小C：我想知道为什么我会出现这样的状态。

我：我想你的表述当中已经有答案了，你说"你想表现得正常"，这句话的潜台词是你认为你是不正常的，不管你的"不正常"指的是什么，你自己是不接受这个"不正常"的，也不希望别人看到，于是小心翼翼地伪装成所谓的"正常"。

小C：那我肯定要让别人接纳我呀，不表现得"正常"，那怎么行呢？

我：嗯，你需要所有人都接纳你吗？

小C：起码要表现得正常吧，我一紧张的时候，就呼吸不上来，两手还发麻，这太不正常了。

我：嗯，不过据我所知，大多数人经历巨大的愤怒、恐惧、紧张等体验的时候，也会有类似的表现。

小C：那我可不知道，我就想自己能像个普通人。

坦白讲，尽管是跟小C两个人的对话，而我感到我们的沟通未必在同一个频道，透过她的语言，甚至能感受到一种麻木。她用极其平常的口吻，去述说自己的"不正常"，这段对话里她语言的模式和思路已经展现得比较清晰了。

小C的心路历程很可能是这样：过去人生中发生了某些事件，这些事让她产生了非常多的负面感受，于是她认为自己"不正常"，但外在想装得"正常"，就陷入需要时刻警惕的紧张状态，而这种紧张的体验又很糟糕，就更怀疑自己"不正常"，于是就更需要伪装。如此往复，形成了她紧绷敏感的心理状态。简而言之，她的思维没有帮助她缓解情绪困扰，没有积极寻求解决方案，反而制造出新的情绪紧张。总结如下：

| 面具 | 紧张的过敏者 | 描述 |
|---|---|---|
| 内在矛盾 | 糟糕感受 | 自我体验负面时，情绪影响后不知所措，担忧自己"不正常" |
| | 负面认知 | 从担忧到认为自己"不正常"，于是边攻击边隐藏糟糕的自己 |
| 内在描述 | 内心独白 | 为什么我这么糟糕和不正常，必须表现得正常才不会被他人攻击 |
| | 负面情绪 | 负面体验的恐慌、羞耻感、不配得感、对自我的麻木等 |

坦白讲，这张面具戴上了就很不容易摘下，因为认知和情绪相互交缠之后，都被锁在了面具下面。对于小C来说，我做了不少努力，尝试打破她的负面情绪与负面认知的循环。相比于情绪，认知确实是更容易干预的切入点。在整个交流

过程中，我需要跟她不断辩论，尤其是那些不合理的信念，去启发她从不同的角度去解释面前的问题。

比如，她提到"肯定要让别人接纳，表现得'正常'才行"，关于这句很值得反思，她认为表现得"正常"，别人就会接纳自己。但"不正常"就一定不被其他人善待吗？"正常"的就不会被误解了吗？这其中并无因果关系，尤其是在不知道"正常"和"不正常"具体含义的时候。而当我问小C"正常"的具体含义时，她回答说，"就是不是像我这样的，比我状态好的都是正常的"——这是相当模糊的回答。

在这里，我只是借她的案例带大家了解我所总结的"紧张的过敏者"这张面具，要打破它，真的很需要客观、无偏见的理性之光。

### 隐藏的攻击者

小D是一位7岁孩子的妈妈。孩子上学后，她要辅导孩子写作业，一旦发现自己无论怎样耐心地讲解孩子都不明白时，就会情绪失控，大吼大叫。这种情况持续了一个月，小D非常自责和挫败，她认为自己不适合教小孩，甚至不适合做妈妈，与此同时，她和丈夫的关系也处于长期冷战之中，于是她向我求助。

我：你希望我帮你做些什么呢？

小D：希望你帮我改善亲子关系，我觉得自己对待孩子的方式真的有问题，可能我就是没耐心吧。

我：你期待自己和孩子的相处变得怎样呢？

小D：老师，因为我自己也没学过怎么教育孩子，所以才请教你，你得告诉我怎么改比较好。

我：这样啊，作为心理工作者，我的任务之一是通过了解你的需求来提供帮助，所以会很想知道你比较想改善亲子关系中的哪个部分，然后找到一个重点来聚焦。

小D：我都关心啊，老师，我真的觉得自己有很多方面需要提高。

我：嗯，比如说，你提到自己会因为孩子的作业问题有情绪，于是我们从你的情绪展开探索——这就是重点。

小D：确实，有时候我脾气很大，但平时的我还是很平和的，就是看他写作业怎么都做不出来，教了也不会，气得就没办法控制情绪！我也试过好好说，但他就是不听，不打不骂的话他连作业都做不完。

我：这是现状，那你的期待是什么？比如，你希望和孩子之间的沟通是怎样的呢？

小D：我就希望我说话我儿子要听啊，他总是说什么都不听。老师你直接点，给我个办法吧！

我：听上去你很期待孩子更听你的话，是吗？

小D：也不是一定要他听我的话，我文化水平不高，父母都是农民，说的也不一定对，但是对孩子来讲，在小学打基础这么重要的阶段，作业总归要完成吧，老师你说对吧？

我：我有点困惑，你一方面说自己文化不高，没有育儿知识，说的不一定对，看似在表达不确定，另一方面说孩子写作业和听话的必要性，这又在传达一种对自己观点的确定，这之间好像互相矛盾，你自己有注意到这点吗？

小D：哦？还真是这样，可能是我说话不注意，确实我不懂这些……

案例对话就写到这里，这段对话也比较清晰地展现了小D的语言风格和心理活动，她表现了两个面向。毫无疑问，其中一个面向就是自卑，或者说起码语言上是自卑的；另一个面向是十分"自信"地表达自己的观点，比如"孩子要听话""孩子要做好作业"等，这就包含了规条、要求、控制，更重要的是隐藏在其中的愤怒。

小D对于自己的孩子是愤怒的，她希望心理咨询师认同她管教孩子的方式，这样在管教孩子时就会多一分力量，就像"孩子这件事你就是错的，看心理老师都说你该管，就算我有地方做得不好，还是你错得比较多"。

这些隐藏的愤怒，表达着对孩子的攻击。当然，在对话中，也有针对我的攻击，比如"老师你直接点，给我个办法吧"，这否定了之前对话的意义，同时提出要求，就是希望我"直接"帮助她，而我个人恰恰认为在跟她讨论她提到的重点，这其中包含着小D内在的不平衡和矛盾，这种情况接近TA沟通分析①体系中的"我不好，你也不好"，就是既不认可自己，也不认可他人。总结如下：

| 面具 | 隐藏的攻击者 | 描述 |
|------|------------|------|
| 内在矛盾 | 自我否定 | 常提到自己的不足，通常是为了下一步攻击、回避合理化等 |
| | 隐藏攻击 | 通过看似合理的要求或讲道理释放攻击性情绪，不直接表达 |
| 内在描述 | 内心独白 | 我都这么批判自己了，你就不应该责怪我了，你应该帮助我 |
| | 负面情绪 | 对自我否定的麻木、挫败感、无奈、压抑的愤怒和其他情绪等 |

---

① TA沟通分析（transactionalanalysis，以下简称TA），国际沟通分析协会所下的定义是："TA是一种人格理论，也是一种系统的心理治疗方法，以达到使人成长和改变的目的。"人格理论来说，TA很清楚地描绘出了人的心理结构，它以自我状态模式来描述人格的三个部分，这个模式还帮助我们了解不同的人格将会怎样影响人的行为。

在我看来，同小D的这段对话中弥漫着一种焦躁和愤怒，就像是"快点解决问题，解决了我就不痛苦了"，但她痛苦的是亲子关系，这里牵扯到孩子的意愿和感受，急功近利或一劳永逸的思维方式并不可取，而带着这种急切心情，很难全心全意地解决问题，就好像自己有个疼痛的伤口，一边希望伤口早点消失，一边表达对伤口的排斥和厌恶，仿佛反思伤口的成因或呵护伤口的过程无甚意义。

有句话说得好，"所有的问题都是能力的问题"，对于小D来说也是一样的。她也许首先需要挑选出在她和孩子关系的困扰中她迫切想要提高的能力，比如沟通能力、对自己情绪的管理能力或者化解冲突的能力，关注这些并设法提高，才是在踏踏实实解决问题。

### 小结

本节内容介绍了跟自卑有关的四个面具：回避的讨好者、完美的追求者、紧绷的过敏者、隐藏的攻击者。当然，有可能四个面具我们同时都有，只是比重有差异罢了，或者说有的常用有的不常用，而且，也许我们还有很多其他的面具。

我们确实是自己人生的演员，但是需要警惕的是，面具并不等于真实的自己，所有面具加起来也不能代表我们的全部。但透过面具，我们会更深地发现自己。

通过这一节，也许你已经能更立体地感受到内在的思维和情绪是如何影响关系的，所以希望你思考以下问题：

· 你的面具有哪些？你最常用的有哪些？

· 常用的面具给你带来的影响是什么？是否在某些时候让你感到矛盾？

· 这些面具会带来哪些情绪？你是如何处理这些情绪的呢？

· 如果你要改善这个面具，你会向什么方向改善呢？要如何做呢？

# 03

**成因溯源：**

你和自己的关系也是

你和世界的关系

# 自卑的成因

由于痛苦而将自己看得太低就是自卑。——斯宾诺莎

## 自卑来自先天还是后天

在我看来，自卑更有可能来自后天。

想想看，当一个孩子呱呱坠地时，并不会因为感到自己不够好而放声大哭，也不会想到自己毫无价值而愧对妈妈的哺育，因为新生儿啼哭、寻求母乳的行为是人类公认的"本能"，就跟大自然诸多生命一样，无须大脑皮层的参与。

对于动物来说，当它们面对强大的威胁且力不能及的时候，生存本能中有逃跑、装死，甚至投降，但是没有自卑。就像猴群中没有交配权的猴子，它不见得有心理困扰，或者一只兔子，不会因为不敢跟狼赛跑而自怨自艾。在适者生存这个框架下，各种动物靠本能行事，自卑是多余的。

在这点上，我分享一段案例中的对话。

小E由于低落抑郁的情绪向我寻求帮助，在讲完童年时期

妈妈如何糟糕地对待她之后，她提到自己曾在催眠回溯时体验到出生创伤[①]。

小E：听我妈妈说，我出生的时候是窒息的，我现在会想自己那时就已经感受到这个世界不欢迎我，所以在成长的过程中一直不爱说话，非常自卑。

我：嗯，这应该是你从现在回看过去所得到的一种认识吧，我认为这不可能是刚出生的你的想法，你说呢？

小E：当然，小时候还没有思想呢。

我：那如果你现在过得很不错，住在明亮宽敞的房子里，每天练练瑜伽就可以养活自己男朋友也很体贴，每天烹饪美食，生活自在，在这个背景下你回忆刚出生时的窒息，你会怎么看待那个时候的"创伤"呢？

小E：如果真是这样，也许就不会那么在意这件事了。

澄清一下，这段话并非表达出生创伤不重要，而是要让小E看到"这个世界不欢迎我"的认识来自后天。所以，自卑也并非我们的本能，相对于先天，自卑更像是后天的产物。

----

[①] 出生创伤（birth trauma），在婴儿潜意识中的对分娩或出生与母体分离时经历的机械性困难和心理性恐惧等体验。精神分析理论认为，当婴儿离开供有食物、氧气的温暖、安静的子宫降生到充满嘈杂、饥饿、寒冷和呼吸困难的世界时，势必会引起创伤。弗洛伊德认为，这种创伤是人类最大的焦虑，是个体以后一切焦虑的基础。任何创伤经历都会在个人头脑中留下痕迹，影响其正常的理性思维。

### 自卑是不是习得性无助

习得性无助是形成自卑的重要因素，但自卑有更广泛的影响。

探讨自卑成因时，很多人会想起"习得性无助[①]"的心理实验。对笼子里的小狗进行电击，小狗自然挣扎吼叫，但重复多次，小狗仿佛认为挣扎是徒劳的，就不再挣扎，之后打开笼门，小狗被电击也不会起身。习得性无助，指有机体经历了某种学习后，在情感、认知和行为上表现出消极的特殊的心理状态。

这个实验确实让人震撼，不过用来类比人的自卑的话，仍不能完全涵盖，比如我们很难了解狗狗是否会在意其他狗狗对自己的看法，也不知道狗狗是否认定自己是"无价值的"。如果有，我们也无从知晓这会如何影响狗狗的进食、交友、养育幼崽等行为，同样无法判断狗狗会不会在被电击之后回忆过往的时光，得出"一生很失败"的结论。但是，人会在意这些，而且由于这些造成的心理落差很可能触发个体

---

① 美国心理学家塞利在1967年研究动物时发现，他起初把狗关在笼子里，只要蜂音器一响，就给狗施加难以忍受的电击。狗关在笼子里逃避不了电击，于是在笼子里狂奔，屎滚尿流，惊恐哀叫。多次实验后，蜂音器一响，狗就趴在地上，惊恐哀叫，也不狂奔了。后来实验者在给电击前，把笼门打开，此时狗不但不逃，而是不等电击出现，就倒地呻吟和颤抖。它本来可以主动逃避，却绝望地等待痛苦的来临，这就是习得性无助。

的自卑感。

小 F 因为迷茫、自卑，对工作和生活感受不到意义而向我求助。

小 F：我已经 28 岁了，工作换了好几份，也没找到自己的兴趣，谈了两次恋爱都不顺利，可能对方都觉得我闷闷的，没什么自信，我现在觉得生活特没意思！

我：你对现状很不满，是吗？

小 F：我不甘心，我为什么就这么失败？我真没发现自己擅长什么，工作又没什么动力，有时候告诉自己算了吧，但是又不甘心。

我：听上去，你一边感受到挫败和失落，一方面又对自己有不满，甚至是责怪。

小 F：是啊，我想从这个状态中走出来。

下面我把小 F 这段话中内在表达的内容用表格列出来：

| | | | |
|---|---|---|---|
| 自卑多层表现 | 习得性无助 | 工作上 | 尝试多份工作，找不到热情和兴趣，对工作失去兴趣 |
| | | 情感上 | 两次恋爱不顺，对情感期待降低 |
| | 其他心理活动 | 失落／失望 | 对自己目前的状态感到失望 |
| | | 不甘／自责 | 对无力的自己，感到不满和不甘心 |

我认为除了习得性无助的影响以外，自卑还包括习得性无助产生之后的外在或内在的变化。自卑可不只是行为上的"拿自己跟人比较结果输了"这么简单，更是"还没比就认为自己一定会输"，甚至是"我是没有资格跟别人比的"或"我讨厌总是不如别人的自己"，这是从思维、情绪、关系多个层面都受到了深刻的影响。

### 自卑到底从何而来

如果用最简单的话来回答这个问题，那就是经历和体认。

经历和体认均属于后天，经历是人出生之后与人、事、物的互动过程；体认是体验与认识，是诸多心理活动的综合，这里既包含着客观事件，又包含主观认识。

阿尔弗雷德·阿德勒[①]在《自卑与超越》中写道："每当研究成人时，总会发现他们在儿童早期留下的印象是永远不可磨灭的。"阿德勒运用了"印象"这个词，它不仅指发生的事情，也包含着个人对事件的感受、看法。

---

① 阿尔弗雷德·阿德勒（Alfred Adler 1870-1937），奥地利精神病学家。人本主义心理学先驱，个体心理学的创始人，曾追随弗洛伊德探讨神经症问题，但也是精神分析学派内部第一个反对弗洛伊德的心理学体系的心理学家。著有《自卑与超越》《人性的研究》《个体心理学的理论与实践》《自卑与生活》等。他在进一步接受了叔本华的生活意志论和尼采的权力意志论之后，对弗洛伊德学说进行了改造，将精神分析由生物学定向的本我转向社会文化定向的自我心理学，对后来西方心理学的发展具有重要意义。

想想看，当问一个人"你的自卑是怎么来的"，对方会怎样回答呢？根据我的经验，对方很可能立刻开始回忆过去，也许会有以下几类答案：

| 回答类型 | 举 例 |
|---|---|
| 具体事件 | "因为之前很喜欢一个女生,表白了反而被对方嫌弃,我就没自信了。"<br>"因为有一次邻居诬陷我是小偷,从此之后就感觉自己抬不起头来。"<br>"因为上初中学习不太好,有次班主任嘲笑我,说我长大了也没用。" |
| 长期状态 | "因为我妈妈太强势,除了学习以外,什么都限制我。"<br>"因为我父母脾气都很暴躁,隔三岔五就是一顿暴打,我自信不起来。"<br>"因为我的父母很忙,他们从来不会在我身上花时间。" |
| 原因不明 | "我也不知道,可能性格就是这样。"<br>"我也不知道从什么时候就这样了。"<br>"我从小就是这样。" |
| 自我认识 | "因为我身体有些缺陷……"<br>"因为家里穷,自己学习成绩很差,我爸妈也都没什么文化。"<br>"因为我脸上有疤,没有人会喜欢我,我感觉所有人都在看我的笑话。" |

　　具体事件和长期状态，都属于"经历"的范畴，但自己受到事件影响所发生的心理变化是"体认"的范畴。自我认识是以"客观经历"为根据而产生的"体认"，原因不明的这部分也许是有经历而回忆不起来，因为如果某些事对自己冲击太大，潜意识会保护性地忽略和隐藏，比如选择性失忆①。但如果真的是造成自卑的原因不明，那这个问题可能要留给遗传学家去研究了。

　　说到底，"自卑"很像是对自己过往人生经历的一种负面的总结，所以，我会尝试以"不同类型的经历"和"因此产生的体认"两方面去解读自卑的原因。

---

① 选择性失忆，在心理学上是一个防御机制。通俗地说，假如人遇到一个强大的刺激，这个刺激让这个人无法接受，那么，他潜意识的就会选择忘掉这件事情，就会形成"选择性失忆"。但是表面上似乎是忘掉这件事情，可它的阴影还是存在的。个体做事的时候会不自觉地受那件事情的影响，可能自己都搞不清楚，慢慢地就会变成一个心结。

## 经历的类别

经历（Experience）是一个严厉的教师，她先对你进行考试，
然后再给你讲课。——斯普迪·滕姆斯

通常我们对经历的分类是依据范围或时间，比如把经历分为原生家庭的经历、学校生活的经历等，或者分为婴儿期、童年期、青春期等，我在这里提出另外一种经历分类的方法，即按照经历对人的不同影响进行分类，后面也会用这种分类方式进一步分析自卑心理形成的原因。我把经历分为四类：核心经历，背景经历，环境经历，内感经历。

### 核心经历

核心经历是一个人的经历中非常重要而具体的某件事，在这件事情中有强烈的情绪波动、认知或关系的变动，会剧烈震荡人的内心，而且这些经历多数会被当事人称为"影响自己一生的事情"或者"人生的转折点"。如果把一个人比作一栋房屋，核心经历就是地基中的大块基石。

对我们有相对正向影响的核心经历是我们内心的期待，比如，学业有成、步入婚姻、孩子降生、事业到达某个高度等；相反，另外一些核心经历会给我们带来巨大的冲击，比如，父母离异、亲人去世、自身重大疾病等。

面对核心经历时，由于自身充满着各种强烈的体验，当事人很难用平静客观的视角去看待，于是会加入很多主观认识去解释自己的核心经历，由此形成对于核心经历的体认。

### 背景经历

背景经历由个人生活中无数的小事堆积而成，比如身边重要亲人的对待方式、评价评判等，其中包含着原生家庭的诸多日常经历，这对人的影响同样重大，只是与核心经历的影响方式有差别。如果再次借用把人比作房屋的说法，背景经历就是砌墙搭梁的钢筋、砖与水泥。

比如，父母在面对孩子的哭闹时，呵斥孩子说"有什么好哭的"，如果这样的情境发生一次，孩子可能会委屈、伤心，但这件事会很快过去，不会占据太多的心理空间，也不会有核心经历一样的巨大影响。但如果每天如此，孩子内心情绪累积，认识也逐渐形成，很可能会疑惑"为什么父母总是这样对我"，甚至很多孩子受限于认知和表达水平，无法向父母表达困扰或抗议，就只能被动认为自己是"调皮的""犯错多的"，甚至最后认为自己本身是个"错误"，于是这种由长期被某种方式对待而产生的模糊的体认，其实就是背景经历对我们的影响之一。

**环境经历**

环境经历更像是核心经历与背景经历发生的大背景，差别是这种来自环境的影响是更加细微和潜移默化的，通常不是直接发生在我们自己身上的事，但是我们听到或看到会受影响，比如，某些外部的评论或消息，原生家族内的风气、习惯，社会提倡的价值观等。在这里，环境经历就像是院子、街道、小区的外界环境。

比如小 G，他因为自己经常在家中为小事暴怒而困扰，他担心妻子跟自己离婚，于是想解决情绪的问题。通过探索他的原生家庭，我跟他确认他的家族当中是否有人有类似的困扰：

我：你家里面或者大家族里面有没有某些人情绪也是比较容易失控的，像是暴怒？

小 G：有啊，很多，我们家人脾气都不太好！

我：是你们家的风格，或者说传统？

小 G：算是，真的算是，我们家的男人"匪气"都很重，有的祖先还当过土匪呢。

在我看来，小G可能对"匪气"有很深的认同，而认同"匪气"的代价之一就是发怒的"门槛"很低，或者说"做坏人"才像是他的家族传统，但其实他自己并没有当过土匪，但这种潜移默化的影响还是发生了。

### 内感经历

内感经历是内在情绪、感受、思考等体验所组成的经历，与之前的三种经历不同，但也相互穿插。内感经历是个人内在的，包括对各种经历当中自己的感受和认识，某些印象深刻的梦境、独特的感受等。如果仍把人比作一栋房子，那内感经历就是房子里的装修，就是自己认为跟这栋房子匹配的家具和装饰。

比如，一个孩子经受过欺凌，如果欺凌很严重，这件事就可能成为其核心经历，但随着思想的成熟很可能有另外的内在体认逐渐形成，比如去思考"为什么我会受欺负""我怎么这么不中用""我是不是太懦弱了"……这些都是对被欺凌的那部分的认识，而这些认识通常是回忆起过往经历时在脑海中产生的。而如果负面的记忆是一连串的，那就很容易形成某些总结性的负面结论，对这些内感经历的体验就会很糟糕。

# 核心经历——尘封在记忆中的心灵重创

*患难困苦，是磨炼人格之最高学校。——梁启超*

核心经历是造就内在的重大力量，本节会从挫折、创伤、缺陷、变故四个方面带大家了解与自卑相关的核心经历是如何造就自卑心理的。

### 挫折

求而不得，即为挫折。在经历挫折时，一方面我们内心体验到挫败、失落、痛苦等各种感受；另外一方面，挫折这件事本身就证明了自己能力的不足，挫折事件的影响越大，自我期待越高，失去的机会越珍贵，我们就会对自己越失望和愤怒。

在这里列举几种挫折，比如学业挫折、情感挫折、事业挫折等，然后再来解析一下挫折是怎样影响我们的内心的。

### 学业挫折

学业成绩是当今社会对成长期的孩子很重要的一个评价标准，学业的优劣对不同的孩子有着截然不同的评价和待遇。试想，一个在重大考试中失利的孩子会对自己有怎样的体认呢？

举个真实的例子，日本东京繁华街区的一栋别墅内住着一位72岁的老人，2020年7月媒体曾对这位老人进行过"最强啃老族"的专访。未婚未育、孤身一人的他竟然72年没挣过一分钱，全部依靠设计师父亲留下的遗产过活。别墅内堆满各种垃圾，让记者几乎无处下脚。老人坦言，"花光遗产就准备自杀"。

想想50多年前的他还是一个"松茸当零食"的阔少爷，但当被问及自己如此生活的原因时，这位老人回忆道："高三时我感到很迷茫，因为我所在的私立学校里，每个人都是精英，全班同学都考上了日本最好的几所大学，而我第一年落榜，第二年还是落榜，连续很多年，仍没有考上符合'精英'定义的大学。"由于高考失利，所有同学都看不起他，嘲笑他，他觉得自己再思考"自己在社会的价值"就会精神崩溃，于是就过上了自暴自弃的生活。但令人意外的是，老人谈吐之间能引经据典，甚至可以说外语。

借这个有些夸张的例子，我们可以总结一下，当面对重大考试失利等学业挫折时，一个人内心形成的自我体认可能有：

· 我是低价值的。

· 我能力较低，我是无能的。

· 我的人生和未来没有希望了。

此外，当一个人面对核心经历时，身边人所做出的反应，也会加入核心经历的影响之中。比如，一对父母对于孩子的学习成绩非常看重，寄予厚望，那对他们的孩子来讲，学业的优秀和成功就是他们"应该做的"，于是失败似乎就"不可接受"，这其实是增加了孩子面对学业挫折的难度。于是，学业挫折可能会有另外一些其他的自我体认：

· 我让父母失望，愧对父母。

· 我会失去父母的关注、支持和爱。

· 我不配得到父母的爱。

另外，学业还会含有同辈之间竞争的含义，当一个人认为某个考试必须获得好成绩，或者要用成绩向他人证明自己时，这种情况下的失败，或者在失败时遭受了新的羞辱，也会有另外一些自我体认：

· 面对竞争，我总是失败者。

· 我就算努力也是徒劳的。

· 我是一个没用的人，应该放弃。

**情感挫折**

相比学业挫折，情感挫折所特有的部分就是跟身份有关的转变。

拿离婚或分手来举例，这个过程中有身份破裂的影响，即感情终结时彼此伴侣的身份就宣告结束。比如某些害怕离婚的人，尤其是比较依赖伴侣的一方出现情绪上的无奈、彷徨和不知所措，仿佛失去了伴侣后就不知道自己是谁了。

小 H 就是这样的情况，她跟自己的前男友分分合合，最后还是分开了。不过，小 H 的生活没有因此而轻松愉快起来，因为她的前男友言语刻薄尖锐，总是说她"又胖又丑"，这让分手之后的小 H 陷入了痛苦。

小 H：老师，我是不是很差劲？会不会他说的是对的？我确实很糟糕，是不是我这样的人就不适合谈恋爱？

我：说实话，我没权利来对你下结论，另外我不认为他说的一定是对的。

小 H：那他离开我，我感到很痛苦，该怎么办呢？

我：你问的怎么办，具体指的是什么呢？是希望他不离开你，还是希望不痛苦，或者其他？

小 H：我不知道，我好像不知道自己要做什么……

我：能理解你的感受，我也曾经被分手过。很遗憾，两性关系确实有可能被单方面切断，尽管它也被称作亲密关系，但不像血缘关系一样稳固，只是很多时候，我们会像依赖亲人一样去依赖对方。

小H：确实，我太依赖他了……

我们可以从案例中看到小H对于自我价值的动摇。一段自己看重的情感的结束，或者还没开始就结束了，可能带来的自我体认是：

· 我被抛弃了，被拒绝了。

· 我没人爱，得不到爱。

· 我的付出白费了。

而如果对方是为了与其他人在一起而提出分手或结束关系，那么又会有另外一些体认：

· 我是更低价值的一方。

· 我没有吸引力，做得也不好。

· 我不够好，配不上对方。

**事业挫折**

事业挫折与学业挫折一样都会产生挫败感，不同的是事业的失败影响的范围更广，比如导致自己和家庭的经济危机，甚至背上沉重的债务。而事业挫折和情感挫折相似的地方是都可能引起身份破裂。

一位我十分敬重的老师曾经分享过他自己的经历。他之前开过工厂，但效益不好最终破产，他说："我就坐在马路边，之前开的车已经卖掉抵债了，只好等公交车回家，那时候真的很怕迎面过来一个人叫自己'老板'，因为都不知道该不该答应。"虽然这段话没有直接叙述情绪，但我们能感受到字里行间的失落和难过。

事业挫折引起的自我体认可能有：

· 我是失败者。

· 我的人生彻底毁了。

· 我被社会所抛弃，失去价值。

当事业挫折会影响到身边的伴侣和亲人，甚至自己是整个家庭至关重要的经济来源时，事业的挫折还可能引发的自我体认有：

· 我保护不了自己爱的人。

· 我辜负了家人的期待，我是令人失望的。

· 我面对家人，感到自己可耻。

### 如何转化

不管什么样的挫折，伤心低落的情绪、与他人或标准比较时的差距、来自外在关系的冲击，都会让我们非常有理由贬低自己，于是我们就很容易给自己贴上"失败"的标签，甚至在挫折已是往事时，仍旧做事畏首畏尾。有时我们以为责怪自己可以帮助自己进步，殊不知责怪自己这种方式也会带来压力和破坏，让我们在未来更难面对挫折的挑战。所以在挫折发生以后，最重要的就是照顾好自己的情绪，花时间修复自己的创伤。我们需要告诉自己，生命可不是用来诠释挫折和失败的，要走出挫折和失败的阴影，就必须把挫折当作生命演化的垫脚石——吸取失败中的成功经验。在这里分享两个重点：

· 允许和接受

挫折和失败之所以会让我们倍感压力，是因为我们无法真正地接受它们——这里提到的接受绝不是主动地满不在乎。

真正地接受挫折和失败的状态更像是这样：我一边努力，一边允许自己可能达不到预期。我并不放低对自己的要求，仍会做一切必要的准备。同时我知道，挫折和失败仍然有机会来到我的身边，它到来的时候，也许我还会伤心难过，但事实就是我无法消灭它，甚至还要向它学习。如果挫折已经发生，我会花时间照顾自己，用踏实而温柔的方式，将挫折打磨成我走向未来的垫脚石。

· 能力外认输

另外，当挫折和失败掺杂进关系的因素，通常我们内在会有更多的内疚和批判，再加上看到他人脸上的失望或泪水，我们一定会心如刀绞。但同样的，我们都是凡人，总会有控制不了的事，所以他人期待的未必是我们能做到的，在这点上认输未必是坏事。就像是向身边对自己有期待的人表达：

让你失望了，我感到很抱歉。对此你可能会有很多情绪，我只能接受。我对人生有自己的思考，谢谢你曾经的信任，但很遗憾我无法完成你所有的期待。

**创伤**

心理创伤，在精神病学中被定义为"超出一般常人经验的事件"，通常会让人产生无助感。相信接触过心理学的朋友对这个概念都不会感到陌生。

创伤是身体、心灵、心智多层面的：

·身体层面，身体容易紧绷，长期神经警觉，惊跳反应增强，不容易放松。

·心灵层面，回避、畏惧创伤相关的事件或情境，对情绪、情感的感受能力下降，类似麻木，情绪爆发时情感起伏增大。

·心智层面，认知的弹性下降，思维僵化，有时思维过于跳跃，逻辑能力下降，还可能会出现创伤记忆的闪回，甚至选择性失忆。

在这里我们透过家暴、被侵犯等经历，来跟大家解析创伤对个体的影响。

**家暴**

家暴，通常是在家庭背景下，以辱骂、殴打等方式对其他家庭成员身体、心灵等方面造成伤害。

当人与人之间展露暴力时，我们生存的本能就会被激活，也就是"战斗或逃跑"的反应系统开始工作，而如果暴力发生在家里，我们又能逃到哪里呢？所以，对于被虐待的弱势家庭成员来说，生活就是长期的恐慌，势必对人生造成重大影响。

小Ⅰ的身体一直很难放松，紧张占据了她生活和工作的大部分时间。她一边对自己要求严格，一边羡慕他人可以放松和懒散。出现这样的情况，我通常会重点询问她童年的经历。她说："我的经历也没什么，就是恨我爸爸，小时候几乎每天都会被他打骂。"

当时我吃惊于小Ⅰ的"冷静"，仿佛她在诉说的不是自己。细致了解后才知道，小Ⅰ的爸爸是个责任心重、要求苛刻的人，作为独生女的小Ⅰ为了避免被打只能逼迫自己做到最好。长大之后，小Ⅰ的痛苦逐渐凸显，在无人监督的情况下也无法放松，于是看到自己加班加点，别人却轻松自在，内心就很不平衡，而强迫自己放松会让放松变得更加困难。在跟小Ⅰ谈到"为何要那么努力"时，她说"我不努力，就真的毫无价值了"。我想，这就是小Ⅰ在童年面对爸爸时内心最痛的声音。

在此总结一下，家暴和其他环境的暴力同样可能让人产生的体认有：

· 我很弱小，世界充满危险。

· 我的感受不重要，我不值得被尊重。

· 我无法保护自己，不能反抗，也不能逃跑。

对于某些婚姻中的男性或女性，他们遭受伴侣的威胁或虐待，可能就算与对方分手后，也会对家暴的经历形成某些体认：

· 亲密关系总是充满痛苦。

· 我不够好，只能被糟糕地对待。

· 我面对亲近的人不知如何保护自己，面对暴力无能为力。

## 被侵犯

这里"被侵犯"的创伤所代指的都是比较特殊的重大创伤经历，比如被殴打、性侵等。通常这类创伤会摧毁式地打击一个人的心灵世界，而且创伤后会极力避免触碰内心的伤口，这类创伤的当事人只有在系统而深入的心理治疗当中，才能比较好地被治愈和转化。

比如小J一开始向我求助，只提到有情绪困扰，而事实上，她的困扰来自和伴侣的关系。她发现自己并不愿意与伴侣有亲密的身体接触，尽管已经结婚生子了。当对方表达亲热的需求时，小J会立刻绷紧神经，能逃则逃，于是，她的伴侣也备受煎熬。

我：对于身体接触，你觉得自己为何会如此紧张？

小J：不知道，也许是不爱了。

她给了一个比较空洞的理由，于是我打算问些更客观的事实，看看她的内心是否真的不爱，比如她和伴侣相恋的过程。

我：那你们是如何恋爱结婚的呢？

小J：这个呀，那时候我们还在上大学，他虽然人有点呆呆的，但弹得一手好吉他，还曾经给我写过歌。也不知道他喜欢我什么，追了我很久，说毕业就牵着我去领证，他确实也做到了，不过结婚时两人都一无所有，也算是有苦有甜吧……

我：……听了这些，我几乎可以肯定你还爱他，因为对于此刻的你来说，这些回忆会让你感到幸福快乐。但我一时间也不知道你对伴侣的抗拒来自哪里，就好像你的心不抗拒，但是身体抗拒。

小J：……天哪！难道是因为……老师，我曾经被性侵过……

小J的惊诧之后，就是泪水和愤怒，再接下来就是创伤治疗的部分。小J恢复平静后又休息了很久，她说自己感觉放松多了，也说自己从未想过那件事的影响那么大。

借着小J的案例来总结一下被性侵可能会形成的自我体认：

· 我没办法保护自己，为此失去了尊严。

· 对我来说，性是危险的，异性是危险的。

· 我被玷污了，我是肮脏的。

另外，如果被侵犯的是自己的财产，也就是被抢劫，可能会有另外一些自我体认：

· 我保护不了自己的财产。

· 如果我拥有财富会带来危险。

· 这个世界不公平，劳动果实会被抢走。

### 如何转化

坦白讲，可以称得上创伤的通常是我们人生当中最痛苦的那部分，每一个人都可能曾经想办法粉饰、逃避、掩盖或者遗忘那些伤痛，也许对于过往的自己来说这是仅有的办法，但很遗憾，痛苦不会因此而结束。

精神分析创始人弗洛伊德说："未被表达的情绪永远都不会消失。它们只是被活埋了，有朝一日会以更丑恶的方式爆发出来。"这句话简单来说就是情绪被忽略和压抑之后总会爆发，而爆发只是发泄，内心真正的症结也许纹丝未动，所以情绪仍未被处理。那怎么做才能帮到自己呢？首先要说的是，对各种创伤最适合的处理方式是寻求专业心理人士的帮助。在此，为大家分享一些也许会有所帮助的要点。

### · 温柔地疗伤

当我们意识到自己是有创伤的，能否放下过往创伤的关键是你对待"有创伤的那部分自己"的方式——如果你能温柔地对待，你将能更快地恢复。

我所说的温柔，就很像是怀抱着刚出生的宝宝的那种温柔。想象一下，你怀抱着一个刚出生的孩子，小生命是如此脆弱，我们有再多的情绪也会在那一刻悄然放下，也不在乎未来这个小家伙可能会带来多少麻烦。那一刻，我们不再关注自己，只是看着那双清澈的小眼睛，温柔地怀抱着，仿佛那是天底下最贵重的珍宝……

而我们都曾是那个孩子，我们也许同样值得被这样温柔地对待。

如果真的要温柔地对待自己，比如，花时间陪伴受伤的自己，就像自己做自己温柔的妈妈；或者像是追求自己心仪的异性一样讨好自己，为自己买束花；或者带自己去品尝美味；或者用一场电影的时间给自己安慰……可以做的事情有很多，你可以找到你内心真正需要的。

### · 更大的视角

我们得清楚，如果我们还期待明天的自己能够幸福快乐，那内心需要有的目标就是超越创伤，当然，定下这个目标已经相当需要勇气。

既然是超越创伤，我们就必须站在更大的视角去看待自己。如果创伤是牢笼，我们的视角除了要穿越牢笼和监狱，还要能欣赏外面的景色，远处的山峦，林中的微风，黄昏的晚霞。我们得清楚，自己不仅仅是为了要打破牢笼，更是为了人生获得更大的自由，我们需要成为自己战士！

在这点上，也许下面这几个问题会帮到我们：

· 如果我可以摆脱创伤，我最想做的是什么？

· 在我整个人生中，我允许自己被创伤影响多长时间？

· 如果我已经走出创伤的阴影，我会如何看待现在的自己？

### 缺陷

上部分的创伤偏向于心理层面，这部分我们来讲身体、行为层面的创伤。不管是先天的还是后天的，缺陷都是极容易造成自卑的因素，因为大多数的缺陷显露在外，都有很直观的表现。很多人会用最粗略的方式把人分成两种，"正常人"和"不正常的人"，于是当自己有了缺陷就自动把自己归结为后者。

### 行为缺陷

小 K 就会为自己贴上"不正常"的标签——他有口吃，与不太熟悉的人讲的第一句话就是"对不起，我有口吃"，最后他自己也意识到口吃是心理层面的障碍。

小K：心理上……该怎……么办，才……能像……"正常人"一样……说话？

我：说实话，我确实不知道心灵中控制口吃的按钮在哪儿。

小K：……嗯。

我：但当你问怎样才能像"正常人"时，其实就意味着你已经假设自己"不正常"，而你又希望自己"正常"。

小K：……是的。

我：我举个可能不太恰当的例子，这就像是你吃一块面包，但面包上某个位置少了颗葡萄干，你就非常困惑，"这块面包太不正常了，为什么它不完整"，于是就格外在意那颗失踪的葡萄干，一边吃面包，一边有意无意地寻找，并不断思考，究竟葡萄干会遗失在面包制作的哪个环节，以至于忽略了面包是什么味道……

小K：……所以……我……忽略了……更重要……的事？

当然，我的心理工作并不只是讲关于面包的故事，接下来我带他做了些潜意识的探索，还有释放积压情绪的练习，最后我给他分享了一段比尔·盖茨接受采访的视频，面对主持人的提问，显然他并未事先准备，于是每句话都会有"嗯""这个""啊"等语气助词，最长竟也能有5秒钟……看到这一幕，他会心一笑，似乎多了份坦然。

对于行为表现有所缺陷人的来说可能有的自我体认是：

·我不正常，别人都比我好。

·我有缺陷，不可能得到别人的认可。

·我如果没有缺陷，才有资格"正常"地生活。

## 身体缺陷

相比行为缺陷，身体层面的缺陷更容易给心理造成看似永久的损害，因为身体的完整和良好的功能是如此显而易见的"正常"标准。看到自己有明显缺陷，"不正常""不完整""不完美"的各种认识就会在脑海里翻涌，也许对老天有怨言，也许对自己有责怪，但无奈的是改变不了现状。

小L因为儿时的一次事故，容貌被毁，只是由于是通过电话做咨询，我并未看到她的样子。咨询中她花了很长时间跟我探讨一件事——如何接纳自己。因为对于正值妙龄的小L，一直因容貌而有所介怀。

我：在我看来，接纳自己很像是对自己许下的一个诺言，就是我承诺对自己好，承诺给自己最大的空间，承诺用最真诚的方式对待自己，同时把这个承诺一直保守下去。于是，当我们的内心真的逐渐信任自己，并能够自我疼惜时，接纳才会慢慢产生，内心才会有放松、舒展的感觉。

小L：这要多久呢？

我：永远，你可以把爱自己当成求婚，也就是我决定爱自己一生一世。想想谈恋爱，如果面对一个明天是否爱我都尚未可知的人，你肯定不愿意成为他的伴侣，把这个"他"换成自己也是如此。

小L：这样，我大概能明白你的意思。

我：另外，你似乎很在意时间，我也确实能感受到你内在有份摆脱问题的急躁……

小L：是的，我感觉自己一生都被改写了……我原本可以很幸福……

小L内心有愤怒，有悲伤，有遗憾，接下来我就边聆听边帮她梳理情绪。我告诉她，其实接纳或不接纳自己都没关系，我们可以责怪自己，也可以责怪别人，如果内心有这些情绪就如实地表达出来，如果这么做对自己有帮助，何乐而不为呢？但如果发现没帮助，到时候再思考自己该如何改变吧。也许那时会选择其中的一个改变，就是尝试接受。

相信你也已经看到身体缺陷会带来不少负面的自我体认，比如：

· 我是不完整的。

· 我不可能过"正常"的生活了，命运不公平。

· 我像是残次品，会被命运抛弃和远离。

另外，当身边的人总对自身的缺陷额外关注时，某些自我体认也可能被关系影响，比如：

· 我是个可怜的人，我是受害者。

· 身边的人都说我不行，那我肯定不行。

· 我有缺陷，无法独立，我必须依靠他人。

### 如何转化

在我的经验中，缺陷带来的负面思维和情绪是交织在一起的，同时很可能是持续负面感受的意识流①，另外意识流的提出者威廉·詹姆斯指出自我分为"被认知的客体"（经验的我）和"认知的主体"（自我）。

于是我们内在关注自我缺陷的负面声音，就很像内在两部分的对话，这两部分是主体自我和缺陷自我。我尝试用对话的形式来演绎一下：

---

① 意识流理论。美国心理学之父威廉·詹姆斯（1842—1910）提出，他认为意识不是静止的，而是因人因时因地而连续不断地流动的，他称此种心理现象为意识流（stream of consciousness）。如将流动的意识切断分析，势必将扭曲意识的本质。他的意识流理论，旨在反对当时流行的冯特式的心理学把心理现象分解为各种元素的做法，开创了批判心理学中元素主义的先河。

主体自我：缺陷，你真糟糕，要你一点儿用都没有。

缺陷自我：我也不想这样，我也很自责很苦恼。

主体自我：都怪你，要不是因为你，我就能过上正常的生活。

缺陷自我：我都这么痛苦了，还要被骂，真的伤心，我也是受害者，你骂我，你的心不会痛吗？

主体自我：哎呀，我怎么又在责怪你，确实指责你也没什么用，我应该接受你。

缺陷自我：就是啊，你感觉不好就是因为你没接受我。

主体自我：好痛苦，我做不到，到底该怎么做……

我想表达的重点是，在面对缺陷时，我们的内在会有不少彼此冲突的声音，它们来自不同的认识和立场，但我们的内在会本能地想去寻找所谓的"正确立场"，于是自己就会在几件"应该做的事情"之间摇摆，比如一会儿觉得应该接受自己，一会儿又认为自己不可原谅。这会让自己更加不知所措，在这点上我们可以做的是：

· 情绪的表达

法国社会心理学家托利得认为测验一个人的智力是否属于上乘，只看其脑子里能否同时容纳两种相反的思想，而无碍于其处世行事，这就是托利得定理。

在内在对话中借鉴这个定理，就好像是我们内在有个自由表达的空间，我们需要让自己内在的各个部分都有表达的权利，当然，在这里建议只表达情绪。如果主体自我和缺陷自我可以自由表达情绪，同时并不迫使自己一定去做所谓"正确"的事情，那对话也许会变成这样：

主体自我：缺陷，看到你我感觉很糟糕，这是我的感觉。

缺陷自我：我也感觉很难受，我自己也无能为力。

主体自我：嗯，有时候我很想责怪你，有时候又很可怜你。

缺陷自我：我是挺可怜，不过我也生我自己的气。

主体自我：理解，我对自己也挺失望的。

缺陷自我：我除了失望，还感觉很孤独，好像没人能理解我……

看到这些对话不知你的感觉如何，但这种方式的好处就是，也许事情还没能解决，但内心的情绪有处安放。据说80%以上的人会以攻击自己身体器官的方式来消化自己的情绪，这也是为什么当情绪来的时候，我们的身体感受非常糟糕；而如果情绪可以有一个不受限的表达空间，可以预见到的是自己就不会那么难受。不论如何，这个方法对小L的情绪很有帮助，如果你愿意，也欢迎尝试。

· 积极的反问

如果你对于自身缺陷有困扰，这里提供几个可能会对你有启发的问题：

· 你的缺陷让你有机会进行哪些额外的学习？在你身上，什么可以称得上是因祸得福？

· 如果你把自己某些方面称作"有缺陷"，那你在人生的哪些事情中体验到了"完整"？

· 如果你的缺陷无可弥补，那么你愿意在哪个方面超过他人？

## 变故

除了挫折、创伤和缺陷以外，经历中的人生变故也会造成个人内心的震荡。在郑立峰博士家庭系统排列的课堂上，"生死离合"成了描绘个人重大经历的专用词，拆开来看就是：出生、死亡、分离、结合。每一种情况的发生都会带来关系和生活上的重要改变，而我把这些总结为变故。

变故，本意是指个体发生了意想不到的事情，我之所以用这个词，是因为不管是婚姻还是生命，每个人都会希望它是圆满的，所以在结婚时没有人会思考分离。同样的，虽然理性上知道自己某天会离开人世，但死亡的话题是很多人刻意回避的，在这种背景下离别和死亡就像是出乎意料的，在此我们探讨两个代表性的变故：父母离异、亲人去世。

**父母离异**

如果一个人历经了父母离异，那么至亲反目的感受很可能铭刻在心。

记得有一个对离异家庭孩子的采访，其中最让我揪心的是那个9岁的孩子问妈妈："是不是我以后不能跟爸爸一起打球了？"这其中的心碎不言而喻。对于孩子来说，很可能会困惑很久，因为孩子并不理解也无法预料父母离异，但感受上，却很可能有分离的悲伤、深刻的思念、对未知的茫然和恐惧。如果父母离异的过程很剧烈，那孩子心中还会有愤怒，甚至怨恨，当然认知上也会产生巨大的冲击。

小M小时候就体验过上面提到的这些经历，她父母离婚了，小M跟母亲生活，父亲再娶，虽然一直和父亲有联系，但父女很少见面。小M的困惑在于她发现自己工作时总会"用力过度"，就是在自己筋疲力尽的时候，仍要喝杯咖啡努力工作。小M声称自己对工作有"焦虑症"，希望得到我的帮助。

我：既然是工作的"焦虑症"，那公司的哪些人、事、物会让你更焦虑呢？人的话，是同事、下属，还是上级？

小M：是上级。我领导开会时说"某些同事工作进度太慢"，我就怕说的是我，但其实我做得比大部分同事好；上学的时候好像也是这样，一见老师我就特别紧张，当然那时候学习确实不怎么好，就怕被批评。

我：领导、上级、老师，这些都是长辈，在心理上有相似意义的、更重要的另外两个长辈是爸爸妈妈。

小M：……嗯。

我：所以我想问的是，你面对父母时会不会也有焦虑感？

小M：焦虑感倒不明显，但是会紧张，小心翼翼的，就好像怕说错话似的。

我：如果说错话会发生什么？

小M：说错话，万一都生气了，那可怎么办？

我：听上去，你很小心、努力地去维系你和他们之间的关系。

小M：是，我很怕他们不理我……

在这个案例中，小M与权威关系的表现是小心翼翼地努力迎合对方的要求，就好像关系会随时断裂。其结果就是小M面对权威关系时长期处于弱势，她无意识地选择通过努力工作来弥补内心对价值感的缺失，而工作中的焦虑感也源于此，这跟她童年父母离异的经历直接相关，可以说当时所积累的情绪，直到做咨询之前，小M都没能释放。

通过这个案例我们也可以看到，父母离异对个人自我体认的影响可能有：

· 我的家不完整了，爸爸/妈妈不要我了。

· 我一定是不够好，不然爸爸妈妈就不会离开了。

· 我得小心翼翼，如果做得不够好，身边的关系也会随时断开。

如果父母离异的过程充满冲突，甚至在孩子面前彼此攻击，那么作为子女就可能有另一些自我体认：

· 我只能选择爸爸/妈妈，这也意味着放弃另一个。

· 我毫无价值，就像是可以争抢的物品。

· 在我看来，关系是不安全的，分离充满痛苦和丑陋。

如果父母双方都不想抚养孩子，把孩子丢给家里老人，那么孩子可能会有以下体认：

· 我是被抛弃、被放弃的，我不重要。

· 我的爸爸妈妈都不要我，我是孤儿了。

· 我出身低贱，因为我没有家。

## 亲人去世

比起与重要亲人的分别，他们的去世更加令人难以承受。去世意味着彻底失去相聚的机会。死亡作为人类的终极课题，没有人能避免，包括我们爱的和爱我们的人。面对亲人去世，我们最直接的情绪反应是悲伤，但为了回避悲伤的痛苦，我们可能一开始会否认、逃避、愤怒、埋怨，直到最终不可避免地接受。

小N就是产生抗拒情绪的那一类人，他因为和父母关系恶劣而求助。据他说，就算过年回家也挨不过三天就要和父母争吵，他觉得父母什么事情都想管，因此非常苦恼。了解一些情况后，我相信关键在于他的童年经历。

我：你小时候和父母关系是怎样的？

小N：其实父母还算关心我，不过我上学之前是跟着爷爷奶奶生活，父母也会经常来看我。

我：那你面对父母时会感到亲近吗？

小N：没什么亲近感，他们比较忙，一星期才来一趟，我最亲近的是爷爷，他是这个世界上最疼我的人。

我：那你的爷爷现在还好吗？

小N：……他……去世了。

我：很抱歉，这肯定是你的伤心事，不过，也许你和父母关系不好，会跟你和爷爷的关系有关。

简单解释一下，小N的这种情况叫亲子关系中断，就是父母作为自然的养育者，出于某些原因无法陪伴孩子长大，于是孩子对父母天然的依恋就会被中断，和父母的关系必然疏远。而这份依赖就会被孩子投放在身边真正照顾自己的人身上，进而在这个"照顾者"身上感受到"父母般的亲近"。在小N的案例当中，他"心理上的父母"是自己的爷爷。当我向小N讲完这些假设，他若有所思地点点头。

小N：是的，我一直觉得要是有个像爷爷一样的爸爸就好了……

我：我想爷爷的去世对你打击很大，而跟爷爷之间的连接就变成了伤口，这个伤口中有悲伤，有怀念，有依恋，有凝固的爱……如果你的父母想要亲近你，必然会触碰到这部分，这时你就会升起各种情绪……

后面一半的话不知他是否在听，不过看到他面色凝重，眼角闪动着泪光，我想可以推测的是，他的内心还有很多悲伤没能释放。

确实，面对亲人离世，我们最核心的原生情绪是悲伤，但如果悲伤无法被表达和释放，这份压抑的情感就会披上各种外衣展露在我们的生活里，比如愤怒、抑郁、焦躁等，对人的体认也会有相应的影响：

· 我失去了×××，就算想念我也见不到他了。

· 我生活在没有×××的世界。

· 人死不能复生，悲伤是种没有用的情绪。

如果去世的重要亲人是最疼爱自己的人，那么还可能会有另一些体认：

· 我失去了最爱我的人。

· 在这个世界上，不会有人那样爱我了。

· 我活着好孤单，失去了爱我的人，生活没有意义。

另外，如果重要亲人去世的过程里，当事人认为自己做得不够而心怀内疚，那么还可能有的体认是：

· 我做得太少了，我太自私了。

· 我永远没有办法弥补我的过失。

· 我应该内疚和痛苦，我不可以被原谅。

### 如何转化

不管是家庭的变故，还是亲人的离世，这两者的共同点是带给我们巨大的失去，失去相伴的可能，失去爱的机会，这些注定是悲伤和痛苦的。上面的两个案例其实都在讲，过去因重大变故积累的情绪，如果没能被表达和释放，就必然对当下的人生造成影响，于是表达和面对情绪同样非常关键。

不过谈回变故，如果我们换另一个角度看也许会有所启发，那就是在我们经历的家庭破裂或亲人离世这个过程里，最痛苦的那个人是谁？真的是我们吗？这个问题不是为了比较谁的痛苦更多，我想表达的是，我们有时候过度沉浸在自己的情绪里，以至于我们无法看见其他。

所以当一个人懊恼自己没能见上亲人最后一面，除了亲人去世的悲伤以外，他伤心的是自己内心的彷徨无处安放，紧抓着这份不安，自己如何能放松呢？相反，如果他愿意看到，逝去的亲人也可能想念自己，想见自己，那么见最后一面就是寄托思念和连接的形式，那个比表达悲伤更关键的问题是：如果你那位去世的重要亲人，知道你现在仍然放不下，甚至过得很痛苦，那么他会怎么想？他会有怎样的感受？他会希望你过得怎么样？

· 永恒的身份

说到底，悲伤也好，痛苦也罢，这些负面的情绪，是我们对爱深切期待的载体，似乎生命的终结，就寓意着失去了爱的机会，但真的是这样吗？

我经常分享我对于爱和生命的思考：生命是爱的基础，没有生命就没有一开始表达和接受爱的机会，但神奇的是，爱并没有被生命所局限，因为我们爱的人就算离开了这个世界，爱仍会继续，甚至那些爱我们的人去世了，在我们心底也会认定对方的爱不会改变——这难道不是爱可以超越生死吗？

所以，无论去世的是我们的父母、爷爷奶奶、外公外婆或者其他重要的亲人朋友，在我们陷入悲伤之前需要明白，身份是永恒的。

就像小M的父母之间的夫妻关系结束了，不代表小M与父亲、与母亲的关系也结束了，因为离婚并不是要断绝亲子关系；而对于小N，他需要清楚的是爷爷就算去世了，爷爷仍旧是爷爷，他和爷爷仍然是爷孙关系，在关系上，小N没有失去什么，这才是事实。

看见身份的永恒特性，会帮助我们在变故的打击中找到一些稳定感。

· **遗落的宝藏**

离别为何会如此伤痛？

因为分离那一刻，我们发现损失的是彼此用之前十几年甚至几十年守护的情感宝藏。弗洛伊德曾总结人活着的两大使命是"去爱"和"去工作"，这份宝藏就在"去爱"的使命之下。如果真的用"宝藏"这个词去形容彼此珍贵的情感，那么也许我们需要思考的是：

· 究竟是什么让这段关系变得珍贵？

· 我愿意赋予这段关系什么样的意义？

· 这份宝藏中有什么可贵的品质值得我继承和发扬？

这里澄清一下，并不是思考这些问题就可以避免悲伤，而是通常巨大的变故会让我们失去与相对积极正向的人、事、物的联系，寻回这些联系会帮助我们更好地走向未来，也正因为悲痛万分，宝藏才会熠熠发光。

## 背景与环境——习以为常和潜移默化

不要对孩子过早做出好的或是坏的评价。——卢梭

　　讲回自卑，在某个层面上，自卑的人是非常有自知之明的。也许在生活中你也听到过以下这些表达自己"不行"的话：

　　"我这人就是比较粗心，上学没少挨老师批评。"

　　"别见怪，我从小脾气就不好，随我妈。"

　　"我习惯了直言直语，话说得比较重，你别介意。"

　　"我这人就是嘴巴笨，不太会说话。"

　　这样的表达通常会有两个作用，一个是进行自我批评，一个是避免来自外界的指责；但另一个层面上，自我批评似乎是对自己身上缺点和短处的一种确认，如果这种自我批评成为习惯，夜以继日地进行，对我们本身是否也会有影响呢？你会不会好奇我们是如何理所当然地认为自己有某个缺点呢？

如果说第三节内容是意料之外的人生转折，本节就是情理之中的人生基调。在这里，我们把背景经历和环境经历放在一起，因为这两者都是透过日常生活对我们产生潜移默化的影响的。

**家庭背景**

个体心理学创始人阿德勒说："幸运的人一生都被童年治愈，不幸的人一生都在治愈童年。"这句简单的话足以凸显家庭背景影响的巨大。确实，相比于其他物种，人类依靠养育者生存的时间最长。既然要探讨心理状态的形成，那么不得不提到的核心就是原生家庭。

与上一节的重大转折不同，我们这一节聚焦的是生活里的小事，不要小瞧这些细节，也许我们天生的自信就是被这些生活里不起眼的事"水滴石穿"的。

我们通过几个家庭背景中父母对孩子的反应和养育方式，来探讨家庭背景对一个人自我体认的影响。

**应对情绪**

情绪，在我们胎儿阶段就已出现，它会一直陪伴我们直至道别世界。几乎所有的事情都会触碰我们的情绪，大到核心经历中的创伤变故，小到读一份报纸、看一则短信，情绪就像我们生活的背景音乐。毕淑敏说："情绪是埋在所有真实上面的尘土，不把它们清理干净，真相就无从裸露。"那如何处理情绪就是每个家庭都要面对的问题。

我们在第二章已经讲过自卑的多种表现，在这里我们再探讨一下这些体认是如何形成的。比如下面几个生活化的情景：

· 场景1

爸爸陪着3岁的女儿搭积木，小女孩想把积木搭得更高，但几次尝试都失败后，就大哭起来，爸爸说："宝贝别哭啊，刚刚不还玩得好好的吗？哭了就不漂亮了，爸爸给你糖吃，咱不哭了好不好？"

听到爸爸这么说，女儿哭得更伤心了，爸爸也难以平静，就说："好了，好了，积木塌了就再搭嘛，哭算什么本事？"

看到女儿似乎没有停止哭泣的征兆，爸爸的心情不耐烦地说："别哭了，再哭你自己玩儿吧！"

· 场景2

妈妈听到儿子的房间传来摔打书本的声音，推门一看10岁的儿子正在发脾气，当然，这已经不是第一次了，妈妈没好气地问："今天这又是怎么了？"

儿子看了妈妈一眼，又狠狠地摔了一下书，愤愤地说："作业太多了，我不会！"

妈妈沉下脸来说："那你摔书就会了？你还不赶紧想想老师上课怎么讲的？"

"老师没讲！"儿子又气又急，看上去快哭了。

"老师肯定讲过，之前老师就反映过你上课爱走神，还敢撒谎说老师没讲？"妈妈也发起火来。看到儿子已在抹眼泪，妈妈接着说，"告诉你很多次，男儿有泪不轻弹，男生就是得坚强！赶紧把作业写完。"

·场景3

学期末，上大学的女儿失恋了，看到孩子心灰意冷的样子，妈妈想"有问题就解决问题"，于是跟女儿讲："你这样可不行，继续下去你会消沉的，要不我们周末出去玩儿吧？"

女儿无精打采地说："不要，我想自己待两天。"

"那妈妈可不放心，要不我们出去旅游？去泡个温泉？"

女儿有点生气地说："你能不能不要管我？我就想在家歇两天。"

妈妈说："我怎么能不管你，万一你这么闷着得了抑郁症呢？"妈妈的话还没说完，就被女儿推出房间，接着关上了房门。

虽然以上三个场景的沟通结果并不理想，但作为父母希望孩子情绪平稳，希望孩子有能力自主学习，希望陪伴孩子渡过难关，这些出发点似乎无可厚非，但父母与孩子进行这样的表达时，其中默认的对待情绪的方式是什么呢？孩子会接收到哪些跟情绪有关的信息呢？如果面对爸爸妈妈，孩子发现自己的情绪和感受都不重要，那孩子会有怎样的认识？

孩子可能形成的关于情绪的体认是：

· 我不重要，我的情绪也毫无价值。

· 我真没用，连情绪都控制不好。

· 我的情绪是不好的，情绪太多会被身边的人讨厌和抛弃。

另外，如果在孩子成长过程中，身边养育者的情绪问题非常严重，比如出现脾气暴躁、醉酒斗殴等情况，那孩子可能会形成另一些关于情绪的体认：

· 情绪是不好的，总是会造成伤害的。

· 只有×××的情绪稳定，我才是安全的。

· 我讨厌×××，我长大千万不能像×××一样。

当上面的这些自我体认越清晰越牢固，那这个人面对情绪时就越容易陷入无助、无奈、自责的状态，也就会更容易逃避情绪。

前面讲过，相对自卑的人总是难以面对情绪，羞于表达情绪，避免表达情绪，仿佛自己不是自己情绪的主人。如果外界有事件引起巨大的情绪波动，对心灵世界就会像是一场灾难。这是面对情绪时的一种"低姿态"，就是情绪是洪水猛兽，自己却手无缚鸡之力。这种"低姿态"映射在关系中，也就是"你大我小，你尊我卑，你强我弱"的姿态。

在咨询中，当来访者告诉我"最近情绪起伏非常大，就好像原先压抑的情绪都爆发出来一样"，我都会回应说，"某种层面上讲这是个好现象，虽然发泄情绪不代表真正的处理好情绪，但至少是表达了出来，下一步就是如何合理地表达"。内在压抑久了，势必要通过某些方式回归平衡，这时情绪的运作就像鲁迅先生的那句"不在沉默中爆发，就在沉默中灭亡"。

但实际上，情绪和感受需要被看见和被理解，当我们愿意这样做的时候，情绪才会帮到我们。

### 提出拒绝

除了情绪，对很多被自卑困扰的人来说，拒绝也是一个难题。能否拒绝他人，一定程度上意味着能否守护自己的关系边界。如果说满足他人需求是拉近彼此之间距离的通道，那拒绝他人就是保持距离的栅栏。无法拒绝他人的要求，就像是一栋房子不设栅栏，门窗大开，谁又能安心住在这样的房屋里呢？

另外，孩子面对父母时本就难以拒绝，从进化心理学的角度，只有父母等养育者状态稳定，孩子才拥有更安全的环境。于是，孩子会很愿意重复那些能让父母露出笑容的事，可以说是天生的讨好者。但一个人成长的过程总是一边被塑造，一边是筛选掉自己不要的东西，不断重复这个过程，最终找到自己。那父母如果能支持孩子学习到用恰当的方式说"不"，这会是帮助孩子成长的关键。下面分享两个场景，大家可以在其中观察关系中的拒绝怎样被事件影响：

· 场景1

朋友聚会的餐桌上。儿子夹菜时把客人的酒杯给弄洒了，爸爸赶忙对儿子说："快跟叔叔说对不起！"儿子知道自己闯了祸，就放下筷子，靠着椅背，一脸不高兴地低着头。

爸爸看了一眼朋友，还是决定让孩子好好道个歉，于是对儿子说："磨蹭什么呢？做错了事，就得道歉，快点！"

见儿子还是没有反应，爸爸就用指尖推了推儿子，儿子仍然没有说话，小脸憋得通红，显然不愿意道歉，爸爸见状开始训斥："平时怎么教你的，这么没礼貌，道个歉有那么难吗？你不会的话，我来教你。"爸爸就站起身把孩子也拖起来，儿子知道自己躲不掉，于是勉强地站在叔叔面前说了句"对不起"。

· 场景 2

姐姐和妹妹抢玩具，妹妹抢不过大哭了起来。闻声赶来的妈妈一看就知道发生了什么，于是就对大女儿讲："你是姐姐，你为什么不让着妹妹？"

"这个玩具是我的，而且她已经玩了很久了。"姐姐嘟着嘴说。

"再给她玩一下，你有那么多玩具，你先玩别的嘛。"妈妈走到姐妹跟前，妹妹自然就趴到妈妈怀里。

"不行，为什么每次都是我让她？"姐姐也很委屈。

妈妈说："大的就是该让着小的，你玩妈妈的首饰盒，妈妈不也给你了吗？你不给她玩玩具，那我也不给你用妈妈的东西了。"

"讨厌你！"姐姐把手里的玩具往地上一摔，气冲冲地回自己房间去了。

这两个案例从父母的角度看是在教孩子懂得礼貌和礼让，但方式上孩子似乎没有选择权，看上去唯一的正确选项就是接受父母的观点和安排。当这样的互动不断重复，孩子内心可能有的体认就是：

· 我不能拒绝，拒绝是不被允许的。

· 我的拒绝会给我带来麻烦，顺从才是对的。

·我的感受和观点不重要，我只能接受爸爸妈妈的观点。

另外，有些孩子的成长过程中会被额外要求承担很多压力，比如多子女家庭当中的长子或长女，或者用严苛的养育方式要求孩子完成家务、学业，等等，这些情况有可能造成孩子其他的认识：

·我要先让别人满意，我才是安全的。

·我没有选择的空间，我必须做应该做的。

·我像是个工具，只有做了事我才有价值。

也许你想问，难道任何事都想拒绝就拒绝吗？当然不是。世间万事都讲究一个平衡，如果我们是父母，我们想把自己认为正确的理念传达给孩子，而孩子表达拒绝一定也是出于自己的某些需求，父母越是坚持自己的理念正确，就越是少有空间去聆听孩子内心的需求，而自卑不恰恰就是认定自己的需要不重要吗？父母的强势会直接或间接地造成孩子的弱势。如果要避免孩子陷入自卑的境地，在父母不允许孩子的时候，要找到相对尊重孩子的方式去传达拒绝的内容。

这里分享拒绝情境下的沟通技巧，就是在允许对方拒绝的同时，并给予对方一些新的选择，拿上面的两个场景举例：

·场景1

"儿子，爸爸认为你需要道歉，如果你选择不道歉，就需要把洒出来的酒给打扫干净！"

· 场景2

"女儿，你当然可以不给妹妹玩玩具，那你能否给她另外一个，或者你来说一个时间，到时间再给妹妹玩。"

这个工具当然不是万能的，我想借这个工具表达的是，在对方拒绝时表达尊重，给对方空间和余地，通常会得到更令人满意的效果。

## 处理犯错

"人非圣贤，孰能无过。"这一小节将探讨犯错后的处理方式。笼统地说，每个生命都是在无数个错误当中成长起来的，而家又是孩子犯错的"重灾区"。所谓的犯错，是来自外界的一种回应，这种回应可以来自各种人、事、物，而大多数称得上犯错的回应是付出无效、产生损失，甚至造成伤亡——这些不是父母想看到的，所以必须在孩子犯错时有个把关。这在涉及安全时是非常必要的，但在大部分不涉及生死存亡的情境里，犯错的不被允许，显得过犹不及，比如下面两个场景：

· 场景1

五岁的儿子最近很喜欢打人，不管在游乐场还是在家，父母商量好如果孩子再打人就打手。一天晚上1十点多了，妈妈跟还在玩具堆里的儿子说："妈妈要关灯了，很晚了，该睡觉了。"

儿子听闻就冲到妈妈跟前，嘴上喊着"不要"，接着对着妈妈肚子就是一拳头。

妈妈被打痛了，就牢牢抓住孩子的手，生气地说："跟你说过多少遍了，不许打人！这一次我就让你好好记住！"妈妈说着就开始执行惩罚，孩子开始哭闹和挣扎，虽然妈妈很快松了手，但孩子大哭起来。

· 场景2

考卷发下来，爸爸帮着女儿改错题，他发现女儿的错题几乎是同一类型，而且这类题之前还专门给孩子辅导过，于是爸爸很生气地说："这些题根本不应该错，老师给你讲过，回来爸爸也给你讲过，怎么还出错？你有没有用心听？"

女儿也许是惭愧，也许是不想说话，总之没有回应。

爸爸接着说："这题你到底会不会？你现在是怎么回事，爸爸这不是在帮你改错题吗？"

女儿继续低着头，默不作声。爸爸失去了耐心，把试卷往桌子上一拍，说"自己改吧"，就离开了女儿的房间。

以上两个很有限的例子，是孩子成千上万的错误当中的一个缩影。但我想说，孩子们都很聪明，他们在生命早期就已经摸清养育者的习性和脾气，孩子是天生父母性格的研究者，而父母眼中的是非对错孩子自然是了解的。例子中儿子对妈妈的"无视"和女儿对爸爸的"沉默"，这都是对错误很好的防御。当我们面对"错误"进行防御，或者试图屏蔽来自外界的回应信息时，这都意味着所犯的错误很难对自己产生积极的作用。这时可能有的体认是：

· 我不能犯错，犯错会被惩罚。

· 我犯了错，我就是不好的。

· 反复犯同一个错是一件令人羞耻的事。

有时候父母意识中的不允许犯错甚至会透过"允许犯错"表达出来，比如"我当然允许孩子犯错，不过犯完错肯定是要改的，这样人才能不断进步，不改的话犯错还有什么意义"。像这句看似充满允许和正向的话，就很可能是对孩子伪装的要求，因为关键点是孩子要不断改正，不断进步，那反问一句，如果孩子不进步，难道就没有价值了吗？

一个相对自卑的人面对犯错时的心理活动可能会更加复杂，但反应上也许采取退缩的姿态避免错误，也许通过苛刻要求自己杜绝错误，也许犯错后强烈打击自己，也许变得时刻小心翼翼、谨小慎微。总而言之，对于一个价值感偏低的个体来说，犯错就意味着自我价值的"折上折"，于是个体内心的痛苦也不言而喻。

　　错误只是反馈信息，是告诉我们一条路走不通，也许要换一条，换条路未必能拿到成果，但是它将成为成功的风向标。人不是改错的机器，我们有感受，会更愿意为了别人的尊重而做出改变，如果那些犯错的人也可以得到某种尊重，也许会更容易让他们自发地转变。所以下面这几个问题会帮你面对错误：

　　·在这次犯错中，我哪些做得值得被尊重？

　　·我愿意为犯错的自己做些什么，好让这部分自己感觉好起来？

　　·如果一定要向犯错的自己表达感谢，我要感谢自己什么呢？

　　**冲突和爱**

　　家庭中的情绪、拒绝、处理犯错我们都探讨过了，而其实这些都发生在需求有冲突的场景中。对孩子来讲，相当重要的是父母解决冲突的策略。传统意义上的养育方式，比如惩罚、奖励、说教等都是父母和孩子之间冲突的解决办法，但除此之外，还有一些跟父母性格相关的部分，我们来看下面两个场景：

　　·场景1

　　看到孩子不认真学习，妈妈跟孩子促膝长谈："儿子，爸爸妈妈既没有好工作，也没好手艺，要关系没关系，要钱没钱。咱家要出点问题，没有人能帮咱，前面爸爸妈妈已经吃了很多亏了。比如妈妈找工作，好不容易从几百个人当中争取到一个名额，结果另一个应聘的，人家有关系，于是就把妈妈顶替了。"听了妈妈的话，儿子点点头。

妈妈接着说："妈妈身体也不好，心脏一直有问题，将来如果生病了，可能要花很多钱，所以你必须好好学习。爸爸妈妈都很爱你，尽量给你创造最好的环境，连做饭都是变着花样给你吃最好的，你就只管安心好好学习。"

孩子听了这番话，面色有些凝重地对妈妈说："好的，妈妈。"

· 场景2

几个家庭一起带孩子去公园草坪上野餐，马上要开餐了，其中一位妈妈对孩子们说："来吧，看看谁吃得更快！"

这位妈妈的女儿听了就赶紧加快速度，几下就把一碗便当吃完了，然后站起来高喊："我是第一名，哈哈，你们都输了。"

这位妈妈就表扬道："女儿最棒了！"这时候其他的家长有的会建议孩子吃慢点，有的默不作声。

两个场景分享完了，你有观察到两个情景中的妈妈是如何掌控孩子的吗？

在我看来，第1个场景中妈妈用的是伤痛和内疚，第2个场景中妈妈用的是竞争和表扬。

当然，不论内疚还是竞争，案例中的妈妈都希望孩子能做得更好，不过这是爸爸妈妈眼中的好。有的父母因自己童年物质相对匮乏，就会以给孩子购买玩具、满足孩子物质欲望的方式去爱孩子；有的父母因自己童年缺乏陪伴，可能就会选择牺牲自己的事业，花大把的时间陪伴孩子；有的父母因自己童年无人管教，于是可能对自己孩子严格要求，以为这样对孩子才是爱的表达……至于对孩子的影响，可能就会千差万别，在这里无法一一讨论。

我们不妨思考下自己原生家庭中的情况，比如：

· 我的父母是如何发生冲突的？

· 我的父母如何解决和我之间的冲突？

· 我的父母会分别用什么方式来控制我？

· 我会采用什么方式来解决冲突？

· 我的父母是如何向我表达爱的？

· 从父母那里我体会到的"爱"是什么样的？

· 我是如何表达爱的？

### 社会环境

讲完了家庭环境，我们来看更大的环境。相比于家庭，社会环境也很重要。它一方面会有相对固定的道德、审美、评价标准，另一方面会有更多的人发表评论，在你一言我一语的比较之下，每个人的心灵都会经受洗礼。《增广贤文》写道，"穷在闹市无人问，富在深山有远亲；不信且看杯中酒，杯杯先敬有钱人"，这真是露骨而现实的笔触。

社会环境当中有哪些因素会引发自卑感呢？除了刚刚提到的财富，还有外表、身材、出身、年龄、成绩、学历、学识、特长、收入、职业、房产、户口、地位、名望、伴侣、子女、健康、收藏等，面对各个领域的精英人士，令我们感到自卑的因素实在太多，于是在自己心里就会形成下面的表达（×××可以是来自上方的列举，也可以是你对自己的观察和总结）：

·为什么我就是没有×××呢？

·都是因为我缺乏×××，我才感到痛苦。

·我只有得到×××，我才是好的，我才会显得更高的价值。

## 如何改变

本节内容从家庭背景和社会环境两个方面来解析司空见惯的事件对人造成的影响，而每家的情况、每个人对社会的理解都大不相同，难以一概而论。我想，也许你更关心的是如何改变这些潜移默化的影响。下面就我们来探讨一下。

### 改变的难度

既然我们想改变来自背景和环境的负面信息，那何谓"改变"？改变就是"明天的我"跟"今天的我"有所不同，那这种不同来自哪里呢？又要由谁去创造这种改变呢？

答案很明显，就是自己。可一定会有人说，"那很难，因为江山易改，禀性难移"，我也并没有否认这其中的难度。但思考一下，我们改变自己是为了什么呢？为了能够轻松、愉快、幸福、健康，实现人生的财富、时间、心灵等诸多自由？对比一下，得到这些美好的人生元素的困难程度与改变自己禀性的难度，孰大孰小呢？我想答案还是显而易见的，性格再好的人也不一定能够百分百获得以上的种种美好，相比之下，改变禀性的难度是小的，但多数人在做的就是面对美好说"我当然希望自己拥有"，面对改变自己却说"我做不到"，这确实有些讽刺意味。

对于改变，心理学能起的作用就是让改变发生得更容易一些。在我看来，比起拼尽全力通过彻底改变自己来获得某些优势，倒不如好好看看有哪些是我们本身具备却没能有效利用的部分，就比如说在下一章我们将会探讨自卑可能有的隐藏优势，而这就是"更容易"的改变。

**认知的反例**

想要改变对自己的认知，那我们得能意识到这些负面的认知在自己过去的背景和环境中都是"有根有据"的，通常可以把它总结为"因为＿＿＿（某个经历），所以造成我＿＿＿（认识、性格、阻碍等）"。

比如，"因为我从小没跟父母在一起，所以我缺乏安全感"，我相信对心理学有基本认识的朋友都会认同这句话，但是我想请你思考：

· 这句话是百分百正确的吗？

· 会不会有人从小也没能跟父母在一起，但是有较高的安全感？

· 会不会某个缺乏安全感的人，在生活的某个片段，还是会感受到安全呢？

· 缺乏安全感一定会产生完全负面的影响吗？

· 会不会存在我们以缺乏安全感为出发点做的某些事，却给我们带来好处呢？

这五个问题，可能每个人回答起来都不容易，我们没做过统计，没有足够多的数据样本去支撑我们做出百分百的结论——这就反例的力量，以上五个问题的提问方式就是打破负面认知的工具。

《道德经》云："有无相生，难易相成，长短相形，高下相倾。"老子这段讲的就是对立统一，放眼人群也是如此，"世界之大，无奇不有"，看看新闻你就能发现有人可以刷新我们对道德底线的认识，也能发现有些人的无私让我们自愧不如，或者有人功成名就让人赞叹不已，这些出乎意料的，都是我们认知的反例。于是，问题就变成：

·你愿意用反例不断打破自己的认知吗？

·你愿意去打破那些局限自己的认知吗？

·你愿意成为让自己出乎意料的那个人吗？

## 内感经历——独自走过的漫长的路

幻想出来的痛苦一样可以伤人。——海涅

前两节内容提到的各种经历都存在于外界的因素，而本节内容讲的是偏向内在的感受经历，因为只有我们自己最清楚自己经历了些什么，而内心的情绪和感受、认识碰撞出的火花，有可能是灵光一闪，也有可能是烈火燎原。比如下面这个案例：

### 未表达的感受

小O因夫妻感情不顺寻求我的帮助，待询问了她和先生的近况、她的原生家庭的情况后，我发现，一方面她从小是跟着外公外婆长大的，另一方面她与伴侣的情感并不深，而她却表达自己最想处理的是夫妻矛盾。

我：听上去你对伴侣有些怨言，你也似乎并不期待与他变得更加亲密，那你为什么要解决和他之间的情感问题？

小O：我学了心理学，我知道爸爸妈妈的情感对孩子的影响很大，就一直很自责。我跟爱人吵架，女儿就呜呜地哭，我就很恨自己。我想如果能解决与伴侣关系的问题，才算对得起孩子。

我：所以，主要是为了孩子？

小O：是的，不然我也不想面对孩子他爸。

我："自责""恨自己""才算对得起"，这些字眼都是关于内疚的表达，这种情绪会在你的生活里经常出现吗？

小O：……内疚吗？我想想……是会经常出现……

我：我看到你流泪，我能问下你的刚刚内心发生了什么吗？

小O：可能我一直都没原谅自己……我不止对不起女儿，我还对不起我的外婆……我一直以为是我害死了我的外婆……

我：……能说说发生了什么吗？

小O：外婆生病时，都70多岁了，而当我知道外婆生病的时候，她已经下不了床了。舅和姨们就带她简单检查了一下，拿了点药，我估计是怕花钱。于是我就拿主意请了中医去家里看。那个中医挺有名的，说病有点重，几服药后再看看情况。外婆喝了两天就说吃药没用，把药停了，我本来还想试试其他的办法，可是没过几天外婆就去世了……

我：……嗯。

小O：那些亲戚也说是我找的那个中医的药有问题，我感觉我当时都傻了，到现在我一直很自责，有时候我也以为是我害死了我的外婆……

我：……嗯，听到你说这些，真的挺心疼的，我想，那些亲戚说的话，他们没有确切的证据，对吧？

小O：……是的，可是……

我：而且更重要的是外婆的想法，听你说完，似乎这个过程里，是你主动承担了去帮助外婆的责任，我想，外婆也知道这一点。

小O：她知道，她肯定知道，不过她知道又有什么用，我都没能帮到她……

我：当然有用，或许你对这件事的描述并不准确，更客观的描述是：你尝试帮助外婆之后，她的生命到了终点。另外，你也可以想想，如果你不帮，那会发生什么呢？

小O：……不帮？

我：让我来猜的话，如果你真的错失了帮助外婆的机会，一方面，你会带着没能帮忙的悔恨，另一方面，外婆临走之前，可能她最深的体会就是无助了……

小O一边哭一边重重地点着头，我的眼角也滑落了一丝泪水……

案例就写到这里。对于小O来说，夫妻关系中的矛盾固然是重点，但核心却是内在没能释怀的内疚，这份内疚就像是小O内心里阳光照不到的地方，她不曾向任何人表达，甚至她自己都不敢触碰。这就是内感经历中"未能表达的感受"。

当我们内心有些感受无法表达，通常我们会感觉需要压抑自己，就像是在"保守秘密"，而之所以认定无法表达，并非不想表达，而很可能源自过往表达受挫，从而认为表达无效，甚至有可能认为表达自己可能受到外界的攻击和忽略，这里可能有的体认就是：

· 我不能真实地表达自己。

· 我说了也不会有人理解的。

· 关系都是表面友好，不会有他人真正的关心。

很多时候，外界并不接受表达不道德、不礼貌的语言和想法，各种规条和约束限制着语言。比如，一个孩子在不了解什么是"恨"的情况下，感受到对父母愤怒，于是孩子说"我恨你们"，父母通常会怎样反应呢？我想通常是"你怎么说话呢？""爸爸妈妈养你多不容易！不许这么跟爸爸妈妈说话！"之类的反应，而这些"禁止"可能就会把孩子感受到的模糊情绪，变成内感经历，变成无法表达的情绪。精神分析创始人弗洛伊德认为，每个人的本能里都包含攻击性，而我们现在的社会能够直接表达攻击的机会在逐渐减少，就像中国古代夺人性命的武术逐渐演化为以健身为主的养生武学，这本就在情理之中。

所以，面对很多关于攻击性、负面情绪、家庭不允许或者有违社会道德的心理活动，其实多数人会选择自我消化，而非表达出来。当代催眠大师斯蒂夫·吉利根博士曾说，我们头脑中大多数的想法都无法说出来，因为说出来别人就会把你当成罪犯。由此可见，这些内感经历是多么孤独的旅程！此时可能有的体认是：

· 我有这些想法真糟糕，我一定不能告诉别人。

· 我怎么这么坏，这么不道德，我要控制住自己。

· 如果我说了，别人就会把我当成异类，没人愿意理我了。

**一个人的课题**

在我看来，内感经历除了我们对自己的思考总结，还包含梦境，比如长期特定的噩梦一样会影响一个人对自己的认识；另一个是自我怀疑，比如担忧或疑心自己身患绝症；再一个是未能表达的心理活动，比如曾经有少年因为羞耻于性欲和遗精而自杀。内感经历就是我们独自走过的路，存在主义大师欧文·亚隆所总结的人生四大课题，即死亡、孤独感、自由与责任、生命的意义——这里每个课题都将由我们自己独自面对。因为独自面对，那段经历会让我们陷入以为"只有自己感觉这么糟"的感觉，与之可能相关的体认有：

· 我以为只有我这么痛苦，没有人能够理解和帮助我。

· 我很想把不好的自己藏起来，因为别人一定不会理解。

· 我感觉很糟，我以为我是天底下最最糟糕的人。

再举个案例，小P因为感到自己身心疲惫而寻求我的帮助，了解一些情况后，我知道她学过不少心理课程，她非常清楚是什么让自己疲惫万分——照顾妈妈的情绪。

小P：我现在是结了婚有孩子的人，可我妈只要跟爸爸吵架了，就会打电话向我倒苦水。

我：听上去那是压力挺大的，你一般会怎么处理呢？

小P：听着呀！不然还能怎么办？小时候为了给妈妈撑腰，我没少跟爸爸对着干。结果到现在了还是要照顾她的情绪。

我：好像你对妈妈还是有些不满的，你有向她表达过吗？

小P：没有，我怕她受不了。她总是很忧郁，在我小时候，她还闹过几次自杀，邻居都说她总是去河边站着，好像要跳河似的。

我：所以你一直承担着这份责任和心理压力，是吗？

小P：……嗯，我现在总感觉自己的心力快耗尽了，不知道该怎么办……

我：很简单，做回女儿，之前你为妈妈做的那些，是妈妈希望得到的照顾，很可能是她自己人生的某些缺失，你弥补不了她的创伤，你需要学会认输！

小P：……也许真该这样。

我：同时，你的很多感受是你需要重视的，我猜你心里有伤心，有委屈，有孤独，这些你统统为了爱妈妈而掩盖了起来，但是这些情绪需要被看见和被表达！

小P：是的，我真的很少为自己考虑，我太累了，我认输了……

这个案例中，小P的心理活动也是内感经历，这里除了有很多未表达的感受以外，还有一种责任感，那就是"妈妈的事就是我的事"，于是小P毫不犹疑地不断去倾听妈妈、安慰妈妈、理解妈妈、保护妈妈。一方面，"妈妈的事"能不能做好似乎关乎自己的"人生意义"——这又是另一种孤独的旅程！另一方面，只有小P和照顾妈妈的责任剥离开，妈妈得不到女儿"妈妈式"的照顾，妈妈的心灵才有可能成长，才有可能学习如何自我照顾。当然，这个过程不是硬脱钩，而是需要一定技巧。

### 自我定义

人是很容易沉浸在过去的生物，每当我们回看人生的过往，内在的感受和认识就会再次把各种经历得出的自我体认二次加工，加工成某些更简短的结论，加工成个人对自己下的定义。

很多内感经历的加工结果，都可用以下句式表达（"_____"处填写自己认为合适的形容词，可填写多个）：

·我是一个_____的人。

·心灵深处，我是一个_____的人。

·我的价值在于_____，我认为现在的我_____（此处填写：值得／不值得）拥有更好的生活。

对于小O来说，虽然我没有让她来填空，但我相信咨询之前，她在横线上很可能填写的是：我是一个犯错的人，心灵深处，我是一个无法原谅自己的人，我的价值在于照顾好孩子，我认为现在的我不值拥有得更好的生活。

以上是我的推测，仅作举例。我们内在的感受、想法、认识，很可能在片面的记忆下，产生偏颇的信念和大量负面的情绪，这同样是我们人生经历的一部分。正如前面所提到的，所谓的自卑，就是一种负向的人生总结。要想突破自卑，就必须敢于挑战我们内在对自己做出的定义和结论。

### 如何改变

相比之前几种经历，内感经历最大的特点是大部分归于内在，如果我们未能将它表达出来，那么独自走过的旅途就会成为秘密，如果我们不允许自己表达，那么这些体验就成了压抑。于是，找到恰当方式表达出内感经历中的负面部分就很关键了。

### 安全的表达

心理学家荣格认为阴影代表着被压抑的能量还有与之相关的情结。用我的话来讲，就是我们面对他人，甚至面对自己时都要隐藏起来的内在部分，对此，我们总是难以面对和千方百计地隐藏，而内感经历中那些我们不允许自己表达的，都在阴影之内。而没能表达的，最需要的就是说出来。正如有句歌词，"有些话要说给懂的人听"，这其实说的正是"找个安全的空间表达"，这很重要。以下分享对内感经历的几点建议：

·在跟其他人分享之前，建议你自己先整理一下要分享的故事、想法、经历，如果要讲的故事真的很痛苦，尝试在故事中加入自嘲和幽默，这样听众就会更容易接受。

·在开始分享之前，告诉对方"下面要说的，就是希望有人听着，这样我理顺自己的思路，同时并不需要你为我额外做什么，谢谢你的聆听"，用这样的状态分享对方会更愿意倾听。

·询问对方有没有类似的想法和经历，用倾听回馈对方，同时你也会收获对方的故事，两个同样有困扰的人，哪怕困扰不尽相同,但能够知道并非"天底下只有我感觉这么糟"。

## 背后的声音

真正有品质的聆听,从来不是听字面意思,而是听词句背后的声音。比如,孩子对父母说"我恨你",这句话是什么意思呢?这句话想表达什么呢?真的只是表达恨吗?会不会有某些更复杂的想法和情绪是被浓缩在这三个字里呢?

虽然我不敢保证当自己的孩子说恨我的时候,我能做到气定神闲,但如果让我花时间做些分析,"我恨你"这句话可能有以下一些意思:

· 我很愤怒,同时没人理解我的愤怒。

· 我很伤心,同时没人在乎我的伤心。

· 我很生气,有些事我认为不公平。

· 我很失望,因为我感觉不到你是爱我的。

· 我很需要你,但这份需要被忽略了很久。

· 我很爱你,但跟你的相处太痛苦了。

对此,我还可以列举很多,但我想借孩子的心理来表达,我们也需要理解自己内在语言背后的声音。坦白讲,我们未必能真正理解自己,当我们被自己内心的声音所困扰的时候,我们需要说出口,但更需要一种有包容的聆听。如果暂时找不到亲朋好友倾诉,建议寻求专业心理工作者的帮助。

# 04

## 自卑者的盔甲与火把：

### 是无助，但更是天赋

## 盔甲:微妙的平衡

没有十全十美,也没人不可或缺,
每个人都有这种或那种弱点。——拉布吕耳尔

　　自卑中的"卑"字,意为低下、低劣,古时同"俾",也就是站在门口为主人接客或传话的门役。在生活里,自卑的人在心理上认定自己身轻言微,正如第二章讲过自卑在关系中的表现,不论是内在还是外在,它都算得上是"失衡的状态"。

　　卡耐基说:"人与人之间需要一种平衡,就像大自然需要平衡一样。"而自卑者要么面对着自我批判,要么沉浸于负面的情绪,关系上退缩忍让,生活里谨小慎微……面对如此多的失衡,自卑者该如何平衡呢?

　　黑格尔说:"存在即合理。"既然这种失衡是存在的,那么其内部必然有让失衡恢复平衡的机制。平衡调节机制会跟什么有关系呢?

　　我认为答案是需求的满足。自卑的长期存在也算稳态,

既然是稳态就必须包含满足人需求的部分。阿德勒说："每个人所追求的都是两种感觉，价值感和归属感。"克里希拉穆提说："在这个躁动不安的世界，每个人都试图寻找某种宁静、某种幸福、一个避难所。"海灵格老师提出的"良知"，解释了人会渴望"清白、无罪和光荣感"。总结这几位大师的说法，仿佛人本能地在寻求的就是一种安心、安全、心安理得的感觉。在本节内容中，我们姑且把它称为安心，而现在我们要探讨的就是相对自卑的人是如何在失衡中获得安心的。

### 妒恨：看你不过如此

嫉妒和自卑像一对双胞胎，都是以自己为参照与外界进行对比。嫉妒是对获得利益者的冷漠、贬低、排斥、敌视等的心理或情感，流行语中有个程度的阶梯——羡慕、嫉妒、恨；而自卑是比较后个体产生的一种自愧不如的心态。在本小节中，我们就将解析妒恨与自卑的关系。首先，我们不妨来体验一下。

段落1：

莫扎特从小由身为宫廷小提琴师的父亲教授音乐和文化。他5岁时开始展现出创作才能；6岁就随父亲和姐姐在选侯宫演奏，参加维也纳音乐会，受到玛丽娅·特蕾莎女王的接见；7岁他跟随父亲在欧洲各大城市巡回演出；8岁出版作曲集《小提琴奏鸣曲》，同年创作人生第一首交响曲《降E大调第一交响曲》；11岁创作《奉行初诚的责任》和拉丁文间奏曲《阿波罗与雅辛托斯》；12岁创作喜歌剧《装疯卖傻》，同年创作歌唱剧《巴斯蒂安与巴斯蒂安娜》。他的个人荣誉更是耀眼，13岁被任命为萨尔茨堡宫廷乐团第三小提琴手，14岁被教皇授予"金马刺骑士"头衔，16岁被任命为萨尔茨堡宫廷乐团首席小提琴师，拿到极高的薪水。在获得名望的同时，他兼顾演奏和创作，到16岁时，他共创作了149首乐曲。莫扎特一生创作了600余部（首）不同体裁与形式的音乐作品，几乎涵盖了当时所有的音乐体裁，与海顿共同确立维也纳古典乐派。莫扎特收入最高时，一年有一万弗罗林进账，而一般劳动者一年仅25弗罗林，也就是说，他的最高年收入是普通人的400倍。莫扎特拥有私人的台球桌、理发师，专门的马车停车位，在维也纳他还拥有一套由七个房间组成的公寓，并且紧挨着教堂。

阅读完上面的段落，请你观察一下自己的内在，思考以下几个问题：

· 阅读时，你的感受是什么？

· 阅读后，你感觉自己更自信了还是更自卑了？

· 与莫扎特相比，哪些方面的差距是最刺痛你的？

·你嫉妒莫扎特吗？你愿意去交换、体验莫扎特的人生吗？

·如果你过的是莫扎特的人生，你自己的生活会是怎样的？

针对上面的问题，不管你的回答是什么，我想很可能你已经体验到了什么叫作"天壤之别"。通过这段事实的叙述，我们可以说莫扎特在才华、贡献、财富、房产、名誉、地位等方面足以碾压99%的人类同胞。童年父亲的陪伴，一家人巡回演出是多么幸运的事，莫扎特真乃人生赢家。

接着我们再来看下面的文字：

段落2

在父亲的强制要求下，莫扎特的童年生活是与世隔绝的，每天除了吃饭、睡觉、上厕所，剩下的时间都是进行严格的学习和训练。在15岁之前，父亲一直为莫扎特作曲。老莫扎特不能容忍儿子有邋遢、骄傲、情绪化、挥霍无度等恶习，父子关系一度近乎破裂。结婚后，莫扎特和妻子的感情很好，但莫扎特还是出轨了。莫扎特的六个孩子仅存其二，且两个儿子没有后代，导致莫扎特家族绝后。莫扎特的最高年收入是普通人的四百倍，但常入不敷出、举债度日。因为他是个出名的赌徒，另外妻子先后怀孕六次，花费了巨额的疗养费。莫扎特生命最后十年的信件表明，为了躲债，他向朋友借钱搬家，而且前后共搬了十一次。莫扎特仅活了35岁，最后去世时还有约合七千欧元的债务，死因至今没有定论，但日记本中自白患过梅毒，他写道："我得的病可是雄伟的梅毒，纯粹、简单、优美的梅毒。"最后值得一提的是，他的作品中竟有一曲叫作 *leck mich im arsch*，中文译为舔我的粪便。

以上这段文字可以算是大跌眼镜吧，如果现在再让你回答一次上面的五个问题，你会怎样回答呢？你还想过莫扎特的人生吗？如果此时让你再读一遍段落1，你还会感觉到自卑吗？

我相信很多人都不会想了，为什么呢？因为我们的心理平衡了，而在此就有另外几个问题需要你思考：

· 你现在的感受是什么？

· 阅读段落1和段落2你感受到的差别是什么？

· 如果说你也感受到某些心理平衡，那么被平衡的是什么呢？

开门见山地回答第三个问题，我们被平衡的很可能是内心的妒恨。

相对自卑的人总认为自己不够好，自卑感也源自比较后胜败优劣的结果，有句话说，"没有对比就没有伤害"，描述的就是这个机制。叙述莫扎特经历的两个段落都是事实，而段落1聚焦在正面的描述，与我们相比，其成就会激起我们内在的自卑，因为差距巨大，那时候我们内在的声音是：

· 我跟他相比，真是一无所成。

· 我花一辈子的时间去努力也赶不上他。

· 我人生里没有一项可以比得过他。

而读完了段落 2 我们可能有的心理活动是：

· 哇，没想到他其实这么渣，这么惨！

· 还是我简单平凡的人生比较好。

· 我还以为天才的人生多好呢，也不过如此。

很遗憾，这就是人性中真实存在的一部分。正因我们需要平衡内心的情绪，明星的八卦会让大众趋之若鹜，名流的糗事会被坊间津津乐道，富商小三的新闻、外国政客的黑料……这些仿佛是平凡生活中美味的调味剂。当发现自己对这些心理平衡的美味难以抗拒时，我们不禁反思，既然这些调味剂能让人心理平衡，又有什么不好的呢？沿着这个问题思考出的结果让我震惊不已。

从自卑到妒恨再到平衡的这个过程，用更细致的语言来描绘，很像是平时就觉得自己不好，看到别人那么好，于是就更加无地自容；接着看到别人其实也没那么好，自己这才仿佛能够松一口气。虽然没有消耗多少体力，但内心的起伏却像过山车一样，这样的内心活动会消耗心力，虽然最终的结果是心理平衡，但回头想想，这个过程之后我们能得到什么呢？

似乎除了一堆关于他人的信息以外，什么也得不到。就算我们妒恨的人就在所在的家族或公司，仍然是仅仅过一把"嘴瘾"。值得一提的是，近几年的网络暴力愈演愈烈，因为在我们这个年代发表评论是非常廉价的事，所以通过评论带来的心理获益唾手可得。你可能也有过这样的体验：看到某个人的观点后，很想从更正确的角度进行评论，但又会有人说你"站着说话不腰疼"，甚至引发骂战……原因就是这种语言战争的代价较小，却同样可以获得"我比你强"的优越感，于是人们乐此不疲。当然，积极的一面是这种语言战争可以释放很多情绪，而消极的一面是那些身陷其中的人除了点赞，所得甚少。

但不论是"妒恨"还是"评论"，这个过程仍然是忽略了些什么。比如下面这几个问题：

·当我感觉到被刺痛，深层的感受是怎样的？内心的伤口在哪里？

·我与对方相比，被刺痛时，内心发生了什么变化？伤口源自过去的什么经历呢？

·我要提高些什么，可以让内心对自己更加满意？

也许你也看到了，这些可能被忽略的问题都是关于我们自己的，这才是一切的根本。

在我看来，羡慕嫉妒恨是观众席上的看客，关注着舞台中人的生死离合，就像是古罗马斗兽场的观众们自由地呼喊着，那些呼喊看似决定着台上勇士的生死，殊不知观众本身也是被消遣的玩物。只不过现实中消遣我们的，很可能就是我们自己内心追求暂且安心的心理机制。

**壮志：英雄在我心中**

自卑的诸多表现都有脆弱、退缩等特性，这样的"弱"似乎遍及自卑者的方方面面，可这同样是失衡的，因为没有人从一生下来就心甘情愿承认自己弱小，那自卑的内在如何平衡"强"和"弱"呢？自卑的人又是如何安心保持"弱"的状态呢？这就是本小节要探讨的内容。

小Q因为儿子的性格问题向我求助，他说自己的孩子沉默内向，不爱说话，但最大的毛病是爱说大话，不为自己说的话负责任。于是，在简单了解了家庭背景之后，我就开始询问孩子"说大话"的具体情况。

小Q：最近要期末考试了，孩子正忙着准备考试，有天晚上吃饭的时候，孩子突然问："如果我能考到班里面的前五名，你们给我什么奖励？"自己的孩子我还不知道吗？这学期的表现还不如上学期，不用说前五名，考进前二十都算是很大的进步，他简直就是白日做梦，整天说这些不负责任的话，能把作业做好就不错了。

我：那你是怎么回答的呢？

小Q：我就说，"做人得有自知之明，爸爸不觉得你能考到前五名，如果你真的做到了，想要奖励也行，我带你去旅游一个星期"。

我：如果这是你的原话，我以你儿子的角度去听，我猜他很可能感受不到爸爸的信任。

小Q：这，本来就是事实啊！

我：从他过去的表现看也许是的，但孩子想提升成绩，你似乎忽略了他在表达的是要改变现状。而当你认为他"说大话"的时候，孩子改变的动力会受到鼓励还是打击呢？难道你不期待他改变吗？

小Q：……期待啊。

我：如果孩子想要改变，他展望努力后的结果，是想到自己可能考前五名带来的动力更大，还是可能考前二十名的动力更大呢？就算考前五名不切实际，他以此去激励自己，又有何不可？

小Q：我明白了。

从上面的案例我们也不难发现，孩子会沉默内向、不爱说话的其中一个原因一定跟父亲有关。父亲的言语之中透露着对孩子的失望、攻击和不信任，这会使孩子更加缺乏自信，同时也意味着父亲对孩子的学习成绩有所期待。当孩子面对父母缺乏自信时，他要如何平衡自己的内心呢？其中一个方法就是父亲所提到的"说大话"，一方面，孩子可能真的期待能够跨越自身能力的边界去创造超常的结果，就好像去打造一个远强于过去的新的自我，也许有了这个自我，让父母失望的难过、不被信任的无奈、对自己的怀疑通通都会消失；而另一方面，他深知自己能力不足，所以需要依赖外界给予的奖励去提高自己的动力，父亲如果愿意用奖励去激励孩子，对孩子会意味着某种程度的信任，可以说起码在心理层面孩子有付出努力的趋势，而如果父母不能看到这些，确实难以把"说大话"转化为动力。

当我把上面这些分析给小Q听，他就问"孩子说大话时我该怎么办"，我就给出了几个建议：第一，表达支持，不在孩子"说大话"时直接否定对方，比如告诉孩子"爸爸很开心听到你有进取的想法"；第二，询问行动，就算是目标不切实际也要促使孩子去思考，他可以做什么，比如"你很有想法，不过具体你想怎么做"；第三，主动支援，很多时候身为父母想参与到孩子的学习中，在孩子不愿意父母干预的情况下极容易爆发冲突，而孩子"说大话"就是一个绝佳的机会去询问孩子"你希望爸爸妈妈如何配合你呢"，这样就算孩子完不成之前宏伟的目标，但孩子起码知道父母是愿意用实际行动支持自己的。

下面我们回到"说大话"这种心理现象。在生活中，我们会用很多方式去靠近、创造那个英雄式的自己，白日梦、幻想、读小说、看各种英雄主义的影视作品、电子游戏、Cosplay、向他人炫耀或夸口，等等，都可以达到类似效果。对于自卑的人来说，每一天都面对着自己现实中的卑微和缺陷，这已是相当的折磨，自然可能寄希望于未来，希望某一天自己可以用成就来证明之前所受苦难是有意义的，我想许多人都会被这份意义所吸引。因为如果梦想变成现实，我们自卑的那段人生旅程就不再是人生的主旋律，而是磨炼英雄意志的试炼——这是自卑最好的救赎。因此可能有的心理活动就是：

· 我无法独自成功，我需要更智慧的人来拯救和启蒙自己。

· 我要是能快点找到使命就好了，现在的人生没有意义。

· 过程并不重要，结果是好的才重要，好起来之后就都顺利了。

在这种情况下，就像我们和未来是割裂的，现在心有困顿的自己等候着未来的脱离现实的英雄自己来拯救。如果这样的期盼成了某种心理安慰，甚至为此减弱了自己的行动力，而失去了行动的期盼无异于南柯一梦。

美国心理学家卡普曼提出的"受害者—拯救者—迫害者"戏剧三角形也能很好地解释这一点。对于自卑者来说，内在比较强大的两个部分是迫害者和受害者。自卑者由于经常打击自己，内在迫害者的目标指向自己，而内在受害者的部分承担伤害，当自卑者深深地认为"自己不行"时，内在拯救者的部分就会非常弱小，于是自卑者的心理活动就相对单一——批评自己和伤心难过。当我们的内在无法达到平衡时，就会向外寻找，比如看超级英雄的电影，这些伟大拯救者的形象会深深触碰自卑者的心灵，如果形成对话也许会是这样：

受害者对加害者说："我如果是个英雄，你就不用批评我了，也不会看不起我了。"

加害者对受害者说："如果你是英雄了，既勇敢坚强又善良正直，我哪里还用批评你！"

于是，一个来自外界的英雄故事，就把内心里不平衡的缺失给弥补了。缺失被弥补会有好处，比如让我们安心；但如果安心之后而不做出实际的行动，这种安心某种意义上就变成了阻碍，于是就会出现一些两极分化的心理行为现象，比如只说大话不行动，再比如一方面很自卑，另外一方面又很自大，等等。

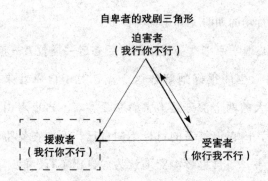

自卑者的戏剧三角形

迫害者
（我行你不行）

援救者
（我行你不行）

受害者
（你行我不行）

　　如果你发现自己也会设定看上去超越自己能力的目标，而且行动较少，也许你需要思考的是：

　　·设定目标的目的是为了让自己安心，还是为了帮自己达到？

　　·我目前的行动能否持续积累来使自己有一天达到目标？

　　·如果设定超越能力的目标并不会真正帮到自己，我可以怎样做呢？

　　另外，可能成为我们前进阻碍的，是面对"英雄"式的自己，自卑的模式会驱动我们进行比较，当然这次反差就不是来自我们和他人，而是在于我们和自己的期待之间。当我们对自己未来的期待越高，可能会导致对现在的自己失望越大。有梦想确实很重要，但当梦想大到看上去不可实现的时候，我们自己都很难相信，那么，梦想也就变成一张中奖率极低的彩票，希望越大势必带来更大的痛苦。歌德写过这样一句饶有深意的句子：人类最大的两个敌人，是恐惧和希望。

那么，我们该怎么办呢？

在本小节中，我的建议是管理期待。之所以有人迷失在虚无缥缈的未来之中，是因为花了较多的精力投入遥远的未来。罗曼·罗兰说，"世上只有一种英雄主义，就是在认清生活真相之后依然热爱生活"，如果我们能既"仰望星空"，又"脚踏实地"，也许会是更好的选择。比如说在下面这个表格中，我们把自己对于未来事业的期待分成三个部分管理，供你参考。

| | 投入精力 | 内容特点 | 内容 |
|---|---|---|---|
| 近期目标 | 70% | 脚踏实地 | 要做的事情<br>① ____ ② ____ ③ ____ ④ ____ |
| 中期期待 | 20% | 必由之路 | 达成 ____ 的目标，累积 ____ 的资源，运用 ____ 的策略 |
| 长期愿景 | 10% | 壮志雄心 | 要在 ____ 行业，成为 ____ 的人，创造 ____ 的价值 |

### 承认：这可能就是我

本小节要讲的"承认"很接近精神分析中的一个防御机

制——合理化。合理化的原定义是个体对于不愿接受的事或物赋予合乎情理的解释，以及勉强能被接受的理由，以掩饰的方式重新诠释，借由自欺的行为自圆其说，使其能说服自己或被他人接受，以获得自我安慰。简单来说，就是用自欺欺人的说法获得安全感，用"好理由"代替"真理由"。但我在此想提出的是，相对自卑的人会有另外一种用法——承认，就是用"坏理由"和"不是理由的理由"来作为理由。比如下面这个例子：

小 R 由于惊恐发作向我寻求帮助，她说在恐惧最厉害时脚趾头会有刺痛感，甚至晚上要开着灯才敢睡觉。我对她的人生经历进行了一番了解：小 R 在上份工作中运营的项目失败，加上发现自己男友有第三者，因此心灰意冷，决然分手，两方面的沉重打击让她担心自己未来婚姻事业将一事无成，迷茫、无助、挫败、焦虑混合在一起，另外我推测承受着父母很高期待的她，肯定是不会允许自己失败的，我想这可能就是惊恐的原因。

小 R：老师，我讲了挺多了，你也了解情况了吧，但是我的惊恐症、抑郁症、焦虑症接下来该怎么办？

我：嗯，我理解你很想知道解决的办法，我们会谈论到的，不过我还要多问几个问题，比如，你是如何确认自己得了这些心理疾病的呢？

小R：我去网上查资料啊，去医院里也做了问卷，医生给我确诊了，药都开了，肯定是这三个都有，医生总不能骗我吧。

我：那你不好奇这些所谓的"病"是怎么来的吗？

小R：成因吗？从小身边的人都说我比较积极阳光，但我知道自己内心还是比较脆弱和自卑的，自卑的人本身就更容易得心理疾病，不是吗？

我：我可能要澄清一下，心理疾病并不像身体疾病一样存在生理的病变，就算"确诊"在某种层面上讲，也不是真的"生病"。

小R：……嗯，也是，其实就是做了几个问卷。

我：另外，对我们情绪和思维影响最大的，是我们的人生经历，学习如何消化人生经历的困难，还有释放其中的负面情绪，在我看来是比较有帮助的。

小R：……老师，难道不是接纳更重要吗？我有点困惑，当时我在网上报了一些课，网课的老师讲要接纳自己现在的问题，感觉那个老师讲得也很对呀，我必须得接纳自己有焦虑症、抑郁症，也要接纳自己的惊恐发作。

我：听上去，你很勇敢地承认自己有这些症状，但我猜你还是会希望未来的自己没有这些症状吧？

小R：那当然。

我：如果你先相信自己有焦虑症、抑郁症、惊恐症，接下来你还要重新相信自己没有这些，听上去这像是贴标签后撕标签的过程，你确定这对你有帮助？

小R：网上的老师是这么说的，他讲如果不接纳问题，问题会变得更大。

我：我想你对"接纳"可能有误解，举个例子，比如一个身患绝症的人，接纳自己可能会离开人世，不因为自己命运的无常而自怨自艾，用一种相对积极的心态去面对生活，这是接纳。于是他可能会选择一边积极配合治疗，一边保持自己的心情舒畅。相比之下，如果只是接纳自己是"身患绝症的人"这个身份，那这个人会思考什么呢？他会想"我的时间不多了"或者"我是身患绝症的人"，你可以想想，哪一种康复的概率会更大些？确实，骗自己说"我是正常人"对问题没有帮助，但是一定要承认自己有负面标签，也不是真正的接纳。

小R：……确实。

我：回到你自身的状况，并非焦虑症、抑郁症、惊恐症引发了你人生中的问题，而是当你经历了一些痛苦和挫折，这些经历影响你时，让你以为自己有焦虑，有抑郁，有惊恐，但问题的根源和解决办法一定在你的经历之中。

小R：原来是这样，难怪我总觉得自己越接纳问题越严重……

坦白讲，我们都有一个习惯——看上去合理的，我们就会相信。对于自卑的人来讲，由于自身体验是负面的，于是对负面的自我定义也变得可以接受了。对于上面的小R来说，与其说她在"接纳"问题，不如说在"承认"自己有问题。但承认之后呢，思维中的问题很可能就变成这些：

· 我怎么这么惨，遇到×××的问题。

· 现在我都是×××，未来我可怎么办？

· 我是×××，我就只能按×××的方式生活。

这个现象最简单的解释是"贴标签"，当认定自己有某个特征，比如认定自己懒惰，我们就会更容易接受自己较少付出行动的面向，遇到事情会对别人说"这件事情我不想做，因为我懒"——这就是活在标签之下。为什么我们愿意接受这些标签？一方面这些标签和贴标签人的话似乎真的合理，另外一方面当我们承认"这可能就是我"的时候，我们会获得一种轻松感，因为承认自己懒惰，就不需要勤奋了，承认自己无能，就不需要精进了，于是这种"承认"就让我们和相对正向的品质失去了连接——这是"伪"接纳。

在我看来，真正的接纳并非如此，我认为以下所描述的接纳对我们解决问题会有帮助：

· 我接纳自己目前的状态，同时并不急于把问题消除。仿佛我内心有个空间去容纳问题，允许问题在我的内在如实表达，我允许自己从问题中学习。

· 我允许自己体验痛苦，我不排斥负面体验，当然也不排除积极体验的机会，我相信各种体验都是有道理的，我给予它们平等的关注和尊重。

· 我知道自己有很多面向，但我不着急下定义，我既有光明一面，也有阴暗一面。如果我有自卑的一面，就必然有我特长的一面，我允许自己去体验完整的自己，同时珍惜和尊重自己的优势。

· 当我在生活最痛苦的低谷，这不代表我会一直生活在低谷，人生必然有起伏，低谷只是人生版图中的一小块拼图。

· 我允许自己体验各种情绪，而非依据喜好区别对待，情绪是需求的信使，我需要聆听内心的声音，因为那个声音才真正属于我。

当我跟小R分享了我对接纳的认识，她缓缓地点了点头。当然根据后续的探索，小R问题的根源来自人生经历中的挫败体验和原生家庭中与父母的关系，但挡在这些根源问题之前的却是她对心理疾病的"承认"。

**获益：对我有点好处**

上面三个方面讲的获得安心的方式只能算间接得到好处，既然自卑是种稳态，一定有更直接的获益方式，这就是症状获益，即通过表现出某种症状，从别人那里获得自己身心上的好处。比如孩子为了得到玩具而哭闹，如果我们因为希望孩子停止哭闹而真把玩具买给孩子，那未来孩子就可能以更强烈的哭闹来达成自己的其他期待。虽然哭闹中的孩子也会感到痛苦，但只要付出有回报，何乐而不为呢？哭闹可以算是症状，因为"症状"有解释是"表现出来的异常状态"，而爸爸妈妈妥协后购买的玩具就是"获益"部分。那自卑对于个人而言会有什么好处呢？我们看看下面这个例子：

小S因为不堪父母的长期催婚向我求助，她在回忆了比较温馨的童年经历后，又坦言不知道为什么自己前几段情感经历都会无疾而终，用她自己的话说就是"不相信爱情，男人也不可信，也不相信婚姻会轻松和幸福"。

我：这些话听上去对两性关系都不抱期待，这种心态下两性关系成功的可能并不大，你说呢？

小S：我也不知道为什么，可能是我条件不好，觉得配不上人家，或者是自己眼光比较高。

我：真的吗？你真的觉得自己的条件不好吗？

小S：也不是特别不好，比如现在我没有工作，就待在家里，说实话，上两份工作都让我觉得压力很大，我更想做自己喜欢做的事情。

我：你有没有发现，在人生当中几个重要的领域里都会有些问题让你想要回避？比如，对亲密关系不抱期待，在事业上又苦于工作压力，和父母的关系也充满情绪，但这每一个问题似乎最后又必须由你自己解决，你觉得呢？

小S：……好像还真是，怎么会这样？突然觉得自己好像一事无成。

我：如果你真的一事无成，会怎么样呢？

小S：不知道，最近待在家里面，也有想过这个问题，我也不知道未来该怎么办。

我：或者我换个问题，如果你真的一事无成对你有什么好处？

小S：什么？我一事无成，怎么会对我有好处呢？

我：我来解释一下，每个人都要获得价值感，因为我们需要感受生命的意义，这样才有动力活下去，对吧？

小S：嗯。

我：如果一个人生命中有三件重要的事情，为了体验到意义，就必须至少有一件是可以收获价值感的，如果三件事都毫无价值感可言，一种可能是这个人没有活下去的勇气了，但看你显然不是的，另外一种可能就是存在第四件事会带来类似意义的好处。

小S：听上去很像我的情况，第四件事是什么呢？

我：让我来猜的话，我会说"留在父母身边"。

小S：……我确实感觉跟他们在一起比较安心，不过跟父母不也有冲突吗？

我：通过你的叙述，我能感受到，你父母期待你离开家去找合适自己的伴侣，而你的选择却是留下来，你觉得矛盾可能会来自这里吗？

小S：……这个……也许吧。

我：那我下面要说的并不是来指责你，我只是分享在养育孩子中的一个现象，看看对你会不会有启发。在育儿中，如果孩子遇到麻烦开始哭泣，这时爸爸妈妈、爷爷奶奶会立刻赶过来哄这个孩子，日积月累这个孩子会变得怎样呢？这个孩子是会更主动、更独立地解决问题，还是会期待其他人为自己解决呢？

小S：肯定会期待别人来帮忙。

我：如果你也认为孩子会因此更依赖他人，那么为了自己能够更多地依赖他人，这个孩子需要提高自己的能力还是隐藏自己的能力呢？

小S：天啊，我就是这个被娇生惯养的孩子！

小S作为独生女，两个大人和四个老人给了她比较充沛的关注和爱，而这些也让小S的内在发生改变，毕竟撒娇比埋头苦干容易得多。而现在小S到了成家立业的阶段，各方面的压力和困难让她难以适应，于是她像童年一样采取了退缩和依赖的策略，她能到哪里寻求支持呢？当然是父母身边。听了我的解释，小S思考了很久，她说想要更了解自己，也想要做出改变。

在此也澄清一下，尽管如此，我不认为小S能力缺失或者要被指责，因为我们都在被他人和环境所塑造，但人生的改变什么时间做出都不晚，同时她也在用隐藏的方式爱着她的家人。

小S：我是不是真的太依赖了？我想改变！我真的是一直在索取吗？

我：当然不是，在你和父母、亲人的关系里，你也在付出！我想你付出的方式，就是让自己尽可能地接受父母和亲人的付出。

小S：……是的。

我：可能他们的某些付出你并不想接受，但你还是收下了，可能有时候展现自己的弱小或者制造些麻烦，却可以为他们的关爱创造机会。也许你通过体验得到的结论是，只有让他们付出，他们才会开心。

小S：他们确实很爱我，但我并不喜欢他们爱我的方式。他们夸我这好那好，但实际上我没那么好，有时候觉得自己什么都不会……我以为我很勇敢能出去闯闯，最后却一直留在家里……

我：我想你心里有个部分是很生他们的气的，但又不能直接表达，也许恰恰让他们看见你不照顾自己，才能去证明他们对你的养育是失败的。

小S：是的。有时候心里有个声音是，你们说我行，我偏不行……不过，心里还是有份失落，其实我还是希望自己能行！

我：听你能这么说，我很为你开心，我想，你言语中的力量会带你找到属于你的未来。

小S点了点头，之后我用内在系统排列技术带她跟父母做了沟通，愤怒、悲伤、委屈，有冲父母的，也有冲自己的，各种情绪掺杂在一起，她哭完放松了很多。坦白讲，现实对小S的挑战仍然巨大，不过，当她能从心底明白父母不再庇护，人生还须独行，生命中的勇敢会带她前进的。

写到这里，我相信你已经比较清晰地看到小S的内在心理地图了，自卑就像心灵长久未能愈合的伤口，被保留的伤口通常是能为自己带来好处的，症状获益很可能早早就开始了。

各种上瘾症也是极为常见症状获益的方式，我们可以透过理解上瘾症来理解自卑可能有的症状获益。比如吸烟，2019年，我国的烟草税收高达1.2万亿，但人人皆知吸烟有害健康，为何那么多人还要过"不健康"的生活呢？很简单，吸烟有害健康，但对其他方面却有好处，当然也包括心理层面：对不少人来说，吸烟的时间就是自己独处的时间；吸烟也会改变人呼吸的方式，因此副交感神经会带动整个身体逐渐放松；有时吸烟还会带来某种优越感，尤其是在一群不吸烟的人群中；与朋友一起吸烟不仅多一个交流的机会，还有机会倾诉，如同一支烟时间的心理辅导；在吸烟的时间段里可以思考，可以发呆，还可以处理负面情绪……可能对于每个吸烟者的好处并不尽相同，而恰恰是这些好处留住了这个"问题行为"。当然，吸烟和各种上瘾症一样，通常不会真正解决问题。因为人们留恋的是烟草带来的某些意义。如果烟草为我们创造了独处空间，我要戒烟就必须放弃烟草提供的好处，然后自己来面对独处的恐惧，但这通常需要付出更多的努力，于是吸烟尽管有害健康，但还是"划算"的。

另外，我在这里确实有必要区分一下症状获益与解决创伤，因为这两者的共同点是都会让我们感觉好一些。但两者是有差别的。一个是关注点的差异，症状获益关注点在外，解决创伤关注点在内；另一个是目标的差异，症状获益通常是为了缓解症状，解决创伤通常是为了根除问题。

比如，我们的内心受伤了，很需要一个人来帮助，如果在对方支持我、安慰我的时候，我的注意力是放在对方那里，我观察对方如何给予我的陪伴，关注对方语气有没有温存，甚至期待第二天能再次得到安慰——虽然受伤的是我，但注意力围绕着对方，这不是关注自己，内在的伤口也不会因为自我忽视而走向疗愈。但当我们关注自己时，也许需要的只是一个朋友或伴侣的拥抱，于是我向对方如实相告"我希望你抱抱我，很感谢你这时的支持"，当拥抱传来对方的体温，我可能就会闭上眼睛，这个过程是借对方的存在来陪伴内心受伤的自己，甚至不需要对方的语言。如果对方不看眼色说个不停，我与其责怪对方，仍然不如据实以告："亲爱的，我只是想借用你的拥抱休息一下，可以给我十分钟的安静吗？"——当一个人清楚自己的需要，向关心自己的人温柔地提出请求，我想很少有人会拒绝。不知你感受到两者的差别了吗？

对自卑的人来说，退缩和脆弱的表现背后隐藏着很多好处，在此我总结了至此本书提到的大部分内容，把我们可能会采用自卑的动机罗列出来：

| 动力 | 动机 | 具体表现 | 好处 |
|------|------|----------|------|
| 逃避 | 回避冲突 | 冲突是不好的，我要维持关系和谐安定 | 维持关系<br>保护内心<br>减小风险<br>减少损失<br>减轻责怪<br>感到安全 |
| | 避免犯错 | 我少做出尝试，就会少犯错 | |
| | 减少责任 | 我能力小，能承担的就少 | |
| | 逃避批评 | 我都这么脆弱了，你就不好意思怪我了吧 | |
| | 缓解挫败 | 我放低对自己的期待，这样就不会对自己失望 | |
| | 保持现状 | 我不知道怎么改变，只能维持现状 | |
| | 解释归因 | 因为我不够好，所以我做不好，找到原因我很安心 | |
| 攻击 | 自损攻击 | 我的失败都是受你影响，所以你是错误的 | 释放愤怒<br>表达攻击<br>体验优越感 |
| | 道德攻击 | 我是弱者，如果你欺负我，你就是坏人 | |
| | 对比攻击 | 我这么差的人都比你强，你就是真的很差 | |
| | 说服挑战 | 我坚持认为自己很差，你有本事来证明我是错的 | |

续表

| 动力 | 动机 | 具体表现 | 好处 |
|------|------|----------|------|
| 迎合 | 吸引外援 | 我是弱小的，我是受害者，请你保护我 | 得到支持<br>得到保护 |
|      | 满足强者 | 又脆弱又乖巧，可以让你更舒适地保护我 | |

在这些动机的驱使下，我们都有可能告诉他人"我不行""我不会""我做不到"。如果我们真的依靠这些模式来获得心理上的补偿，比如逃避成功后的安心或者通过攻击他人获得的优越感，自卑的症状就开始为我们赢得利益，自卑有了利益，就多了改变的阻力——这就是我们的头脑总会以为自己想改变，但行动上却未必如此的原因。

**小结**

本节内容讲到这儿，我要强调的是：

并非做出改变就是对的，每个人都拥有选择不改变的权利，只是当我们脆弱、受伤甚至自卑得对自己说"我想改变"，而行动上却无动于衷时，也许你就可以参照本节内容找到可能的原因。当你能够更了解自己，无论你最后决定改变或者不改变，你的决定都会更加有效。

我所说的改变并非把原先的退缩转变为奋进，这样180度的改变很可能只是三分钟热度，难以长久。我提到的改变是以转化认识为核心，不再人为地给自己制造额外的困难，给自己空间，照顾好自己，你还是你，只是你对待自己的方式更加友善，于是你的内在可能被压抑和隐藏的天赋就会慢慢展现出来。

当然，根据本节的讲述，如果你认为自己需要做出某些改变，那么你就必须放弃相应的模式背后所得到的好处，比如列表中的"自损攻击"，很多时候是发生在孩子和惯于控制他人的父母之间，孩子的自我成长就因此受到压抑，就算孩子成年了也可能在面对挑战时逃之夭夭，当父母再尝试去教训这个孩子，这个成年的孩子可能会说"这不都是你们教的吗""我就是不去，看你们有什么办法""你们的教育很失败，我就是最好的证明"。当孩子内在充满这样的声音，其无能就变成对父母的惩罚，而如果他想改变，就必须面对自己内心指向父母的愤怒，停止把自己人生的失败归因在父母那里，在内心取而代之的声音可以是"爸爸妈妈，虽然直到今天，我也无法接受你们的教育方式，但我已经长大，我将来决定自己的人生，同时，我如何决定与你们无关"。这样内心就无法依靠和父母的关系来释放对自己人生的失望，这就是为自己人生负完整责任的开始……

总之，如果你希望做出某些改变，也许下面的问题会对你有所帮助：

· 你想改变的 × × × 会给你带来哪些坏处，哪些好处？

· 如果改变 × × ×，也就是去掉 × × × 的坏处，对你的生活会有哪些积极影响？

· 如果要改变 × × ×，你能放弃 × × × 之前所带来的好处吗？如果 × × × 的好处很重要，你打算如何替代？

## 火把：苦厄的馈赠

梅须逊雪三分白，雪却输梅一段香。——卢梅坡《雪梅》

  上一节内容讲到了自卑者的内在可能阻碍个体改变的心理平衡，各种心理获益像盔甲一样保护着自卑者的内心，同时盔甲的厚重阻止了一个人成长和改变的步伐，保护和阻碍像是同一个硬币的两面，它们同生共济。

  确实，相对自卑的人对自己不甚满意，仿佛自己有数不完的缺点，但是，"废品是放错地方的资源""我们的创伤中隐含着天赋"，那么对于体验了如此多失落、痛苦、挫败的自卑者，他们的苦难锻造出的天赋会是什么呢？是否在遮掩自己的斗篷下，藏着点亮人心的火把呢？本节将讲述自卑中苦厄的馈赠。

  本节会引用一些特殊的案例，其主人公是我在心理领域的伙伴。为什么要分享他们的心灵世界呢？因为作为心理工作者，首先要做的就是自己的内在探索和心灵成长，相对很多人，他们能把自己看得明、说得清。在我看来，一个人真实的生命故事可能比名人传记还有参考价值——因为他们跟我们一样是普通人。心理工作者并非拥有没有创伤的完美人生，他们也有自卑、抑郁、痛苦，面对父母一样有无奈，跟伴侣一样会吵架，只是他们选择了探索心灵的道路，去了解自己，面对自己，花时间呵护创伤，直到创伤慢慢转化。我相信他们的心灵之路会给你带来启发。

**敏感：我心灵上的眼睛**

在对自卑者的描述中，敏感是经常出现的形容词，它一方面在说自卑者的情感容易受伤、受挫，另一方面指出自卑者可能会因外界的风吹草动而思绪纷飞。但如果他人用"敏感"形容我们，似乎更像贬义词，比如伴侣间有冲突，对方说"你不要太敏感了"，其隐藏的含义仿佛是情绪或思考过了头，变成了多余的麻烦。

我在这里分享小T的一段经历，现在的他跟我一样从事心理咨询工作，不过在这之前他也曾因自卑、抑郁而备受困扰，在他用亲身经历去回答学员提问时我才了解到了这些。

那是在我和小T组织的心灵分享会上，一个女孩提问说："感觉自己太敏感、太自卑了，不知道该怎么办？"当我还在思考如何回答比较好时，平时话少的小T已经起身，他用温和而不乏力量的语气回答道："敏感没什么不好的，如果能相信自己敏感，加以训练，那就会升华为'敏锐'，这种敏锐就像是直觉，如同内心有双洞察世事的眼睛，对我来说，敏感可以算是大半个优点。"

那个女孩有点懵地点了点头，接着问："具体该怎么做呢？"

小T笑了笑："你的问题很接地气，我目前还不知道真正适合你的方法，不过我愿意分享一下自己走出自卑和敏感的经历，你可以有选择地借鉴，当然，前提是大家也愿意听。"此话一出，大家纷纷拍手支持，我想他们也好奇心理咨询师会有什么"黑历史"。当时我惊讶于小T自我暴露①的勇气，之后，我更吃惊于他所分享内容的价值。

小T上初三那年，很爱他的爷爷去世了，这件事让他从原先的无忧无虑变得沉默寡言。上高中之后，他发现自己很难与朋友交心，看到别的同学呼朋引伴，内心一边是孤独，一边是不知所措。小T在接触心理学后才知道，爷爷的去世强烈地动摇了他对外界关系的稳定感，但那时的他肯定不懂这些。

另外，在原生家庭方面，他的母亲一直很强势，用他自己的话说，"妈妈把沉重和严格的期待放在我身上，我喘不过气又放不下，每天愤怒、内疚而又无奈"。由于小时候小T的

① 自我暴露：自我暴露的意思是向别人说心里话，坦率地表白自己，陈述自己。即一个人自发地、有意识地向另一个人暴露自己真实且重要的信息。

妈妈会采用打骂式的教育，他后来才意识到自己的神经紧绷而敏感，甚至大街上陌生人的叫喊都会让他以为是自己做错什么而被对方责怪。为了逃避这些痛苦，小T期待着有一段特别亲密的关系来拯救自己，希望有人可以让他在孤独不安中得以依靠。不出所料，他用略显尴尬的语气承认最让他挫败的是三次鼓起勇气的表白，但不幸统统被拒。之后，他再也不敢跟他人坦露心迹，"自卑、自闭、抑郁"所形容的阶段正式开始。

在小T看来，自己处理情绪是不得已的选择，因为那时候他觉得自己不重要，也不值得别人的帮助。至此，他总结说："我感到自己在家和学校里被所有的关系放弃了，或者说我已经不相信有人可以真正理解另外一个人，没有人在乎我的感受，每天有大量的情绪涌现在我心里，我变得非常敏感和暴躁，我必须想办法处理自己的情绪！"

他的办法是书写，每天花一节晚自习的时间，任凭情绪把自己淹没，他说自己像是情绪海洋中的浮游生物，随水而动，然后把自己感受到的落在纸上，这个办法被他运用至今。他举了个例子说，自己曾经写下这样一句话来描写孤独：孤独就像是在漆黑的夜晚独自抱着骨灰盒的感觉。

小T说："坦白讲，这个办法并没有让我走出痛苦，我现在30岁，从27岁往前的十年，我从未觉得高中这段自卑、自闭的经历有任何价值，我以为帮我走出痛苦的是心理学方面的老师和课程，直到我开始从事心理工作，这才明白过去如潮水般的情绪、对身边关系的畏缩和被迫选择的情绪——书写，这一系列经历把我的敏感锻造成了敏锐。"

当然，敏锐是心理工作上绝对的天赋——小T对于情绪的拿捏非常细致，他可以听得出一个人哭泣时情绪有几种成分，他在心理咨询中可以将对方感受到的模糊情绪用精准的语言表达出来。如果说情绪是一门语言，那小T就像是一个情绪的翻译官，而这个天赋，竟然得益于他人生当中最痛苦的阶段。

最后他对提问的女孩子说："敏感最初意味着我们能感受到很多情绪波动，如果我们自认为不能照顾这些情绪，确实容易胡思乱想，很多人一面对比较大的情绪，就会担忧明天走不出来，或者担心自己会被他人用奇怪的眼神看待，这两种担忧都聚焦在未来和外界，并不关注现在和内心。但情绪的背后是我们没能满足的需求，我们越不照顾情绪，需求就越不可能被满足，于是情绪会继续侵扰我们，如此就是一个恶性循环。"

看到提问的女孩子频频点头，小T接着说："如果你能学着跟情绪交朋友，不断去理解情绪，也许情况就会发生改观。比如，当我内心升起了一个情绪，在能力范围内找一个独处的空间，把手放在胸口去感受情绪，深深地做几个呼吸，去问问自己'如果我身边有个朋友陷入同样的情绪，我会做些什么让这个朋友感觉好起来呢'？如果你心中浮现的答案是'拍拍这个朋友的肩膀'，那么你就拍拍自己的肩膀，如果答案是'陪朋友坐下来发呆'，那你就尽可能找个地方去发呆——也许我们并不能完全解决自己的需求，但做这些事情本身会让我们自己认识到'不论发生什么，我都被自己允许，我都会好好照顾自己'——这不就是爱自己吗？"

小T停顿了片刻，似乎他就是在用自己的"敏锐"去感知课室里每个人的情绪。接着他对大家说："敏感不是缺点，甚至自卑也不是，它们只是在某个阶段带给我们困扰，敏感和自卑的核心都是情绪。我相信，如果大家足够了解自己的情绪，也许能比我还要敏锐。"小T讲完了，我站起身给他鼓掌，大家也跟着掌声一片。

回到我们的主题，如小T所讲，对于突破自卑的其中一个关键就是情绪，我们前面也讲过，自卑中包含着挫败、恐惧、内疚、羞耻、愤怒等各种情绪，如果你也被自卑所困扰，相信你也曾经无数次地要逃离这些情绪，结果怎样？始终逃不掉吧！

小T说"情绪是需求的信使"，我非常认同，其实我们并不是逃不掉情绪，逃不掉的是我们情绪背后内心需求的呼唤。当我们被人误解，愤怒是对公平的呼唤；当我们面临冲突，恐惧是对安全的呼唤；当我们无计可施，无助是对支持的呼唤；当我们痛失亲人，悲伤是对相伴的呼唤……我们对情绪这位信使做了什么？我们嫌它破坏内心的平静，怨它害我们陷入烦恼，就连去学习和提高自己，学的都是管理情绪。当我们面对情绪时如临大敌，情绪又如何不会成为阻碍呢？

打个比方，如果你的精力总共有100分，其中总有一部分是归情绪控制的，比如说有人相对理性，自己把控80分，情绪占据20分。假设这个人由于某件事情绪被触动了，20分的情绪进入负面情绪状态。如果这个人没办法接受自己的情绪化，他想要压制、管理这20分的情绪，他会需要因此花费多少分精力呢？我想，至少要花20分。那一来一去，这个人精力还剩多少？仅剩60分而已。如果这个人的情绪源头是上一章内容所讲到的核心经历，比如亲人去世、创伤经历等，这些就不只是20分这么简单了。如果情绪达到50分，我们仍然选择逃避和抗拒，那么可能我们会丧失行动力，然后一蹶不振。

相反，当我们有20分的情绪，如果我们是敏感的，就对情绪有更加细致和精准的感受力，就可以在很短的时间里了解到情绪信所带来的信息。当情绪背后的需求被满足后，情绪自然就会离开。另外，如果我们已经可以"敏感"地了解自己，那么也就能用"敏锐"来洞悉和同理他人了。

如果你发现自己自卑的一面中有敏感，同时你也希望敏感有一天成为敏锐，那么也许以下几点你需要铭记在心（情绪是指喜怒忧思悲恐惊等）：

· 情绪是需求的信使。

· 情绪是我们内在的事实。

· 请你相信自己的情绪是有道理的。

**谦卑：我能做的很有限**

上节内容所讲的敏感到敏锐的变化主要在心灵内部，如果敏感展露在关系中，会不会一样是个优点呢？其实，内心的敏感不仅会放大自己内心的各种感受，也会容易捕捉到来自外界的情绪信息。比如下面这个例子：

小U向我求助，她声称自己被传染上了抑郁症，希望能改变目前的状态。她向我说明来意之后，还关切地表示希望她的负面情绪不会给我造成困扰。接下来，我开始了解她的情况。原来她有个从高中就亲密无间的闺密，她们一起上了大学，很是要好，毕业后小U外出发展，两人就少有联系。一个月前闺密主动联系小U，说自己已经断断续续失眠抑郁了两年，小U就十分着急。想要"拯救"闺密的她就经常主动跟闺密打电话，扮演起心理老师的角色。但出乎小U意料的是，自己也开始偶尔失眠，她十分害怕自己也陷入和闺密一样的状态。然而，越担心情况越糟糕，她担心未来都可能无法安心工作，现在迫切希望走出来。

我：听上去你很想帮助你的朋友，同时你担心朋友的状况发生在自己身上，那我想问的是，你现在还有尝试去帮助你的朋友吗？

小U：我觉得我根本帮不了她，我倾听她有一个月了，最近我突然发现她说的话跟一个月前几乎一样……太可怕了，我不敢再主动联系她。不过她说怕自己想不开……我也不知道该怎么办。

我：听上去你很努力地尝试过，但她的选择似乎你也干涉不了。另外，我想你肯定不会像她一样的。

小U：嗯，你怎么能确定？

我：因为在我看来心理障碍是跟人生经历挂钩的，而你跟她的经历截然不同。

小U：确实，我跟她很不一样，我估计也不会像她一样……那我该怎么办？

我：我会建议你先承认自己帮不到她，当然你继续坚持也是可以的。

小U：……不想，真的，我可不想再帮她了。

我：我能想象得到你的感受，也许会有失望和挫折感，也许会有没能帮到对方的内疚和遗憾，甚至你会感到好像是你抛弃了对方，这都很正常。但我想说，其实你可以为自己感到骄傲，虽然没听过你如何跟朋友打电话，不过我相信你努力去聆听了，也许你不会高超的沟通技巧，但你愿意去勇敢付出，你已经做了大部分你能做的，但毕竟大家都是普通人，你无法决定对方的人生走向。而一直拥有这个权利的恰恰是对方，这是你需要尊重的。

小U：我大概明白你想说什么了，你也在用这样的方法帮助我。

我：你很聪明！不过，现在我们来谈些更深入的内容。

小U：好！

我：我不打算分析你和闺密之间的事，因为我不在场，我想说的是你自己的部分。通过这件事，我推测也许你有内在价值感的欠缺，因为很多时候我们特别努力去帮助别人，其中总有一部分是为了感受到自己有用、有价值，同时也很害怕帮不到她，这些欠缺和恐惧也体现在你害怕未来难以正常工作。从心理年龄来说，就仿佛你内心还是个小女孩，而外在却是一个成年女人。

小U：确实，不过我会把自己幼稚的那一面藏起来，其实我没有看上去的那么有自信。

我：在这个层面上，你需要感谢你的闺密，是她引发了你内心的震动，不然你牺牲自己换取价值感的模式会继续。

小U点点头，看上去平静了很多。之后和她一起探索她的原生家庭，我惊讶于她一点就通的智慧。最后她说有打算成为心理工作者，我表示了支持，我能感受到这次经历后她内在的谦卑。

她当时总结道："确实，如果我最关注的不是闺密的需求，而是我能不能把她的状态调整好，其实就是借对方的痛苦来满足自己的价值感。我现在明白那是她的人生、她的选择，虽然我关心她、心疼她，但也只能尊重她。同时这个过程里我的需求也是重要的，谦卑不意味着自己不重要！这样就能轻松地支持他人了！"

案例分享到此，我们在案例中的小U身上能看见勇敢、热情和智慧，不过她的内在一样有价值感不足，一样有对挫败的恐惧，一样有自卑的一面。借此我想表达的是，走出自卑并不意味着总是自信满满和无所畏惧，而更像是能如实地看见自己，还有更好地与情绪与问题相处。

除了小U之外，我还做过不少以家为单位的案例。当一对父母带孩子来看心理老师，多半意味着在父母看来这孩子"有问题"。随着心理学的普及，大家都知道孩子身上的问题大部分可以在父母那里找到根源。而面对家庭个案，我发现有一定自卑特质的父母，会更愿意去理解孩子，因为自卑一方面会促使人反思"我是不是错了"，一方面自卑者的敏感可以更好地同理对方，还有一方面是自卑者体验过挫败之后更容易理解谦卑。在关系中"一个人改变不了另一个人，除非对方同意"，说的就是对于一厢情愿地"改变对方"本就是必将被"挫败的"。正如以上所讲，当父母愿意聆听和理解孩子时，家庭内部的问题就可能转而向好。

相反，那些关注孩子错误行为的父母，会把自己的是非评判直接套在孩子身上，用自己认为理所当然的方式对待孩子，有的叫喊，有的打骂，有的奖励物质，有的越俎代庖，有的甚至都不愿意承认孩子的问题与自己有关联，也许你会问这些父母难道不爱孩子吗？我想说他们当然爱，只是爱的方式很可能带来痛苦；可以说他们不仅爱，还很想帮助孩子，只不过帮助的姿态多是居高临下，较少考虑孩子的感受。每当看见如此情景，我总会默默感叹，自卑有时候真是个优点。所以那些可以谦卑地体会对方需求的人，会更可能帮助到对方；那些可以谦卑地承认无法改变对方的人，会促使对方思考自己的人生，并为自己的人生负责任——让求助者对自己有所体悟才是对其真正的帮助，帮助者从来不是主角，让人甘愿做配角支持对方的品质，就是谦卑。我在此也分享一下自己对于谦卑的理解：

①谦卑者帮助他人不会以居高临下的拯救者姿态，而会用相对平等的不卑不亢的姿态。

②谦卑者不会把自己的价值感和成功帮助对方相挂钩，当发现自己帮不到对方就如实地承认，不会因帮助无果而批判自己或攻击对方，这样可以创造放松而尊重的心理环境。

③谦卑者不会把自己放在重要的位置，在帮助他人时更多去关注对方的想法、情绪和需求，也不会把自己的意见强加于对方。

④谦卑者不会替对方做决定，在被帮助的过程中，求助者仍然掌握自己的人生主动权，于是就不必长期依赖他人。

而在我看来，自卑的人天然靠近谦卑的品质，如果你希望自己帮助他人时轻松而有效，也许以下几点非常关键：

·一个人改变不了另一个人，除非对方愿意。

·帮助的结果，由双方共同创造，而非帮助者一人决定。

·给予自己能力范围内的帮助，学会保护自己。

·如果求助者暂时不愿做出改变，尊重这一点。

·谦卑与幽默相结合，你会更轻松地把握两人之间的界限。

**清醒：怀疑中寻找真我**

俗话说"人贵有自知之明"，也许你会认为这话形容自卑的人并不合适，因为自卑的人会低看自己，妄自菲薄像盲目自大一样，都不是自知之明的表现。但我确实要把自知之明和自卑放在一起讲述，因为自卑者的自我怀疑会促使他们保持对自己清醒的认识。

在这里我要提到自己另一位心理圈的朋友小V，她经常会举办线下活动，其中的一次是关于自卑的，我参加之后印象非常深刻。

学员：小V老师，听了您的课，我觉得自己确实有自卑的一面，我的自卑好像表现在很多的自我怀疑，总会怀疑自己到底行不行。比如说我想去当老师，我就担心自己能不能教得了那些孩子……您说这可怎么办？

小V：谢谢你的提问，听上去你希望能消除自我怀疑，不过你的提问有个小陷阱！

学员：没有没有，怎么会……

小V：开个玩笑，不过确实有个小陷阱。你看，如果我试图打消你的怀疑，我的回答的作用就变成了鼓励你相信自己，但这就好像我在越界帮你做决定；如果我不帮忙打消疑虑，我就要面对不帮忙的内疚，真有点左右为难呢！

学员：我真没想那么多！

小V：别介意，我想这个模式是潜意识的，这背后可能是你渴望权威的支持和认可，我虽从事过教育，但没有经验提供给你。不过我可以分享我是如何面对自我怀疑的，也许对你会有所帮助！

学员：太好了！

小V：大家现在看到的我，已经是比较稳定成熟的心理咨询师了，不过说实话前面有大概三四年的时间业务挺困难的，真的无数次想要放弃。因为那个时候没有名气、没有宣传，客户非常有限，于是就很有理由自我怀疑。好不容易有父母带孩子来做咨询，他们说孩子"全是毛病"，只是希望我按他们的意愿去改变孩子。我详细地向他们讲述了父母的状态会如何影响孩子，还自以为分析得很全面，可是这对父母离开之后就再无音讯，这让我疑惑，不知是不是帮到他们了。还有一次被投诉，那个女士和自己老公吵架了，希望我主持公道评个对错，我在那次咨询里立场特别中正，我说："关系有矛盾，通常责任是双方的。"那位女士离开时满口感谢，不过隔天就去投诉我"说话有所保留，不真诚"。坦白讲，那时候我又难过又委屈，自我质疑也达到了顶峰。直到有一天我和我的老师谈到这些，他笑着让我猜他做的上万个案例中有多少算得上失败的，我没敢猜，老师说在他自己看来至少上千个，当时我都吓傻了。我的老师很平静地告诉我，案例结果不理想并不代表懈怠，不代表不愿意付出，很多时候是想尽力而力不能及。每个人的心灵都是独特的，既然如此就要避免主观武断和经验主义，为了让自己保持清醒，就必须借助自我怀疑。当时我就感叹，原来自我怀疑也可以成为一个人的助力！在接下来的一年里，每当我因为自我怀疑而心慌或难过时，我就问自己："这次怀疑是提醒我哪个方面要做得更好吗？"现在面对这样的自省我早习以为常，直到有一天我发现，我坚信自己能够帮到别人，没有怀疑。不知道这些分享对你有帮助吗？

学员：有帮助，很有帮助。

小 V：再者，从另一个角度讲，当我们在学习新的技能，踏入新的职业，或者塑造新的身份，自我怀疑是其中的必经之路，同时提醒着我们哪些部分需要提高，直到我们真的相信自己。

学员：确实，怀疑也是可以帮助我们的，不过我如何知道当老师是否适合我呢？

小 V：两个问句，第一问自己"我想要什么"，第二问自己"如果我现在必须放弃当老师，我最舍不得什么"，你现在就可以问问自己。

学员：第一个问题，我好像想要的是体面稳定的工作，第二个问题，我最舍不得的应该是失去与很多孩子一起玩耍的机会。记得之前组织夏令营，带孩子们一起做游戏，玩得特别开心，当时我就想，如果把课本内容变得充满想象力，也许孩子们会很愿意学。谢谢小V老师，我明白了。

小V的问答就分享这么多，不得不说小V的提问很智慧。心理成长中发现自我的过程很像是"排除法"，我们在不断的尝试中体验欢笑和泪水，体验成功与挫败，再从中寻找哪些对自己是重要的。在这个角度，所谓的自卑就是内心的需求长期得不到满足，甚至不太相信自己有一天能够被满足，长期的挫败和自我质疑可能会让自卑者迷惑于自己的需求之中，但自我质疑同样可以成为探索自我的动力。没有人天生了解自己，而自卑的人相比之下更接近自己的内心。

综上所述，在这里我想对相对自卑的朋友们表达的是，自我怀疑可以是我们保持清醒和探索自己内心的钥匙。如果你陷入了自我怀疑，也许下面的一些问题会对你有所帮助：

·陷入自我怀疑时的感受是怎样的？我愿意接受自我怀疑的提醒吗？

·我的自我怀疑如果是来帮助我的，它要向我表达的是什么？

·我可以通过提高哪些方面的知识、能力、技能来缓解对自我的怀疑？

· 如果我希望改变自我怀疑带来的负面体验，做些什么会让我感觉好一些？

· 假如我无法缓解自己的自我怀疑，我还愿意温柔地对待自己吗？

### 悲观：悲剧是我的朋友

悲观即对人、事、物持有消极的看法。在我看来，悲观的人不一定自卑，但自卑的人通常持悲观态度，"做不到""不值得""没可能"都是悲观论调。在我个人的认识里，任何一个特质都会有其优势，同样也将为之付出代价。悲观也好，乐观也罢，都是如此。可能你想问悲观看上去一点都不好，还会有优势？不如我们看看下面这个例子：

小 W 的孩子不到 3 岁，父母过来帮忙带孩子，朝夕的相处却让小 W 难以适应，于是向我求助。原来，在小 W 的童年，父母经常吵架，言语粗暴，工作一忙就把小 W 丢到老家，对小 W 来说家里充满了愤怒和冷漠。她说有时一些温情的电影把别人感动得稀里哗啦，自己却很麻木，好像自己对于母爱没有概念；电影结束之后晚上在被窝里哭，也不是哭电影里的故事，而是哭自己感觉不到。她讲述了自己的成长经历，听上去对她影响最大的就是和父母的关系。

小 W：我没感受过父母的爱，从来不觉得自己有什么价值……

我：能感受到你的情绪，我想，一定很不好受。如果需要的话，可以花些时间和这份情绪在一起……

小W：……我确实感觉太压抑了，老师，我该怎么办？

我：你能这么问，意味着你想调整。确实可能有些伤痛源自你的过去或现在，引发这些伤痛的是你父母跟你一起生活，而你自己提到他们是来带孩子的，我估计对他们的做法你不太满意，但他们的出发点好像是过来帮忙的。

小W：是，他们帮了不少忙。我妈妈做饭还挺合大家胃口的，我爸就经常带孩子出去玩，但他们说话方式真的还像以前一样，我听了特别难受，也怕影响到我的孩子，于是我就很焦虑。

我：那你对他们的希望是……

小W：希望他们能改变说话方式，还有……希望他们能跟我道歉……我感觉这些年做事都缩手缩脚，跟爱人也经常吵架，自己特别没安全感。我学过一点儿心理学，觉得这些痛苦都是跟童年经历有关。

我：嗯，现在的心理流派确实会讲到原生家庭的影响，不过，如果你得不到你期待的道歉，会怎么样呢？坦白讲，父母改变的可能性不大，如果他们真的意识不到，对你来说最差的结果会是什么？

小W：最差的结果？也不会怎样，就继续生活呀，但是觉得委屈……

我：你是说，最差的结果，其实就是你现在的生活？

小W：对呀，还能再差吗？

我：嗯，也许还能再差一些。不如我们把这当成个游戏，想象一下如果有另外一个世界，那世界有个跟你很像的人，她在和父母的相处中比你还痛苦，那她可能面对的是什么？最惨能面对什么？

小W：比我还痛苦，那个人喝水都要塞牙缝吧！哈哈……不开玩笑的话，如果那个人真的很惨，就可能被父母抛弃了，或者父母去世了，也可能跟父母断绝关系……哎呀，我的思想好负面，能想到这么多不好的结果……

我：不过，好消息是，你现在的状态比他们好很多。

小W：这么想想，确实我过得还可以，起码我能吃到妈妈做的饭呢。

我：所以你的生活不是最坏情况，但如果你的父母确实不愿意改变，你会想继续现在的生活状态吗？

小W：不想了，不能再这样下去了，现在我想过得好一些，希望自己的情绪好一些。

我：嗯，那首先我想说的是，可能你需要区分父母的内在和外在，我不知道你的父母内在爱不爱你，但他们外在表现起码让你很痛苦，对吧？

小 W：是的。

我：如果我们悲观地思考人性，假如你父母的外在就一直不用你满意的方式去对待你，这样你感受不到他们的爱，是否就可以悲观地推测他们内在是憎恨你的？或者说他们想谋害你？

小 W：当然不会啦，他们没有这么坏。

我：可是这个解释确实也有可能，你有想到什么可以证明他们没那么坏吗？

小 W：我知道你在引导我，不过确实让我想起一些事情。比如小时候爸爸工作挺忙的，有一次我生病发烧了，他就从班上赶到学校。爸爸骑着自行车，我坐在后座，当时我很晕，双手抱着爸爸都有点坐不住，爸爸就一只手扶着车把，一只手向后护着我……其实回忆中还是有美好的，但之前全忽略掉了。

我：确实，当我们有情绪，会容易回忆起跟此时情绪相关的经历。不过当我们允许自己彻底悲观地思考时，物极必反，于是就可能会连接到某些相反的内容。

案例就分享到这里，在我看来悲观还是挺有用的。在这个案例中，我用悲观做到了三件事：第一，让小 W 了解最糟糕的结果，对比之下，现在自己的境况其实还不错；第二，悲观地假设父母不会有任何改变，使小W思考生活，促进她希望做出改变；第三，用最悲观、负面的方式思考父母的行为和动机，让小W找到反例，也就是温暖、正向的经历。

西方有句谚语：乐观者往往成功，悲观者往往正确。我想这里的"正确"的意思更接近"客观"，当我们放弃所有主观的期待，就如同不带个人色彩看着外界，当明白情绪也只是一场生理化学反应，我们更加接近"怒不过夺，喜不过予"，也就是不因自己的情绪好坏而赏罚他人。马丁·赛里格曼说："成功的生活需要大部分时间的乐观和偶尔的悲观。轻度的悲观使我们在做事之前三思，不会做出愚蠢的决定；乐观使我们的生活有梦想、有计划、有未来。"

乐观和期待是想把明天的美好带到今天，悲观和客观是把过去的经验带到当下，我们可能被悲观所约束，因为过去的挫败可能会摧毁此时尝试的勇气，但现实中期待一样可以会造成困扰，这些来自未来的压力通常会引发焦虑——据此我悲观地总结，这世界上没有完美的性格，因为每一个特质都会有优势和局限，爱憎分明和喜怒于色很接近，内敛低调和不善社交也有交集，乐观可以是快乐的阳光，也可以是冒进的冲动，相应的，悲观可以是沉重的包袱，也可以是深邃的理性。

对于自卑的人来讲，他们会悲观地认为自己不好、没用，生活没意义，虽然思考这些的感受并不好，但这些思考已经很接近这些有思想的人了。

关于不好，著名心理学家荣格说："与其做好人，我宁愿做一个完整的人。"

关于没用，著名作家约翰·保罗说："一个人的真正伟大之处，就在于他能够认识到自己的渺小。"

关于没意义，著名哲学家叔本华说："生命是无意义的，而且从来就是盲目的。"

虽然有断章取义之嫌，但我想借此表达的是：悲观是一副眼镜，戴着这副眼镜我们看到了世界的一种样貌，这些景象是有道理的，同时我们也需要意识到，这不可能是世界的全部。于是，当你陷入悲观时，也许可以填一下这份表格：

| 精力总共 100% | 悲观视角 | 其他视角 |
| --- | --- | --- |
| 精力分配 | 我花费的精力占 ___% | 还剩余的精力占 ___% |
| 用心感知 | 悲观视角在提醒我什么？ _____ | 其他视角中有哪些被我忽略的事？ _____ |

续表

| 个人意愿 | 我希望做出视角的调整吗？是 / 否 | |
|---|---|---|
| 精力调整 | 降低到 ___% 我会感觉好一些 | 提高到 ___% 我会感觉到更加平衡 |
| 具体行动 | 做什么可以安抚悲观的自己？ _____ | 做哪些事来降低悲观事情的发生？ _____ |
| 额外补充 | 做这些足够了吗？是 / 否<br>如果不足够我可以寻求哪些支持？ _____ | |
| 不可抗力 | 我担忧的哪些事情是无法完全避免的？ _____<br>如果是生命必然面临的挑战，我打算用怎样的状态面对？ _____ | |
| 允许逃避 | 如果目前我无法面对，我允许自己逃避多久？什么情况下我会愿意面对？ _____ | |

## 小结

自卑的人，并非一无是处。

本节讲述了自卑者看似负面表现之下的过人之处，他们有潜质敏锐地捕捉情绪，也有潜质谦卑地表达尊重，在怀疑中向心灵求索，在悲观里看人情世故。我想，除此之外，每个人一定还有属于自己的特别之处，比如对美食或诗歌独特的品位，或是精妙的文笔，再比如准确的乐感或动听的歌喉，又或是某一门热爱的艺术。因为生命都渴望表达，当自卑者难以用语言叙述，那么一定会在另一个领域表露心迹，寻找伙伴。

讲回自我这部分，亲爱的"自卑"的朋友们，你身边一定有人曾经说过"你没那么差"，你生命中一定有人曾经表达过对你的支持和赞许，如果这些你一点儿都不曾得到，那么，你如何会在此安然地读书？如果我们陷入自卑无法自拔，难道那些曾经鼓励和认可我们的人都是错的吗？那些曾经温暖我们的只言片语，没有值得珍惜和被称之为爱的部分吗？难道这些琐碎细小的温暖不能瞬间照亮我们苦闷的人生吗？

你有工作，那么你的付出就有相应的价值；你身边有伴侣和朋友，那么你大体是个值得相处的人；你还活着，那么老天还承认你创造未来的权利……

诗人约翰·多恩写道：没有人是一座孤岛……无论谁死了，都是自己的一部分在死去。

所以，在爱惜自己的基础上，也别让那些爱你的人曾经的付出白白浪费……

# 05

## 转化自卑：

## 蜕变的英雄之旅

# 接纳自我——走出情绪失控的恶性循环

如果世界上有地狱的话，那就存在人们的心中。——**罗·伯顿**

其实，不论我们是否自卑，情绪都是人生大考的一道必答题。佛家说"一念佛，一念魔"，大抵说的就是心念的力量。在内心喜怒哀乐的驱使下，我们可以温婉如水，也可以暴躁似狂；既可能哀莫大于心死，也可能怕到魂飞魄散。而如果我们对情绪和感受充满排斥，境况会更不乐观。比如下面这个案例：

## 允许情绪表达

小X因为情绪困扰寻求我的帮助，她与前夫的婚姻破裂导致她同父母的相处很不愉快。对于小X的决定她妈妈基本支持，但她爸爸的第一反应却是责怪她"不考虑影响"，这让小X陷入烦闷。在成长中，一方面，小X很心疼被爸爸"压迫"的妈妈，于是跟爸爸关系一直不好；另一方面，作为女孩儿的她常常被忽视，父母几乎事事都是以弟弟为先，在她内心一直充斥着"我不重要"的声音。于是，她一边自卑自艾，一边心怀怨愤，而离婚这件事把过去累积的情绪全部引爆了。

小X：感觉自己真的要崩溃了，好像连自己的婚姻都做不了主，我爸竟然还让我考虑影响！你知道吗？有亲戚来跟我说，"爸妈都是为你好，他们的出发点是好的"。为了我好？从小到大，我受的委屈多了，什么时候为我好了？

我：……嗯。

小X：我听过一些心理学的课程，那个老师说，"如果处理不好和父母的关系，其他关系也会很糟糕"。因此，我就总害怕错的是自己，或者是我该学会接受……

我：能看得出你和父母之间的相处给你带来了困扰。不过，我不打算评判谁对谁错，因为我简单回答某一方是正确的对你没有实际帮助。

小X：不太明白……

我：比如，我说你父母正确，你还是感到痛苦，而且会认为我不理解你；相反的，如果我说你正确，现状同样不会有所改变，甚至有可能让你跟父母爆发新的冲突……你觉得呢？

小X：……明白，那我该怎么办？

我：你得尝试理解自己的情绪。比如，一开始我能感受到你对父母的某些愤怒，但当你联想到某些心理学的课程，就停止了愤怒的表达，进入自我质疑，甚至很像在批判自己不该带有这些情绪，这似乎是你情绪的模式之一——有情绪没发完却要压抑下来。

小 X：不然呢，我还能怎么办呢？

我：嗯，很好的提问。不过，你觉得呢？

小 X：我觉得？我想想……我觉得情绪多了确实很痛苦，但有些情绪又没法表达，说了他们就懂吗？你说我对父母很愤怒，我感觉不只是愤怒，可能也有恨吧！但毕竟是父母，我不能做伤害父母的事情……

我：伤害父母的事情？你指的是过去做过的什么事吗？

小 X：不不不，我的意思就是说恨他们不就是大错特错的事情吗？

我：不知道别人怎么想，反正我觉得不是，或者说，你当然可以恨他们！

小 X：啊？老师，你开玩笑吧？

我：没有啊，听我解释一下。恨是情绪，在我们的聊天里，你说你恨父母，对他们造成什么伤害了吗？没有。如果你真的伤害他们，比如直接打骂，这些行为确实是伤害，但我们只是在谈论，没伤害任何人。

小 X：是没伤害，不过真的没关系吗？

我：你可以试试按我的思路想一想。如果发生一件事情，我们因此产生情绪，情绪会促使我们思考，思考再指导我们的行为，行为带来后果，这是我们内心每天都会上演的过程。你把情绪和行动画了等号，但实际上情绪和行为是两件事，我们可以一边恨父母，一边行为上保持尊重。

小Ｘ：我一直不就是这个状态吗？

我：也许不是，你更多的是不允许自己对父母有负面的声音，同时要求自己尊重父母。但这份不允许给你的内在造成了巨大的阻力，一边是真实的感受，一边却批判感受，被批判的痛苦又是新的感受，接着可能会责怪自己为何对自己如此严苛……

小Ｘ：是，我就是这样，简直是恶性循环，真的很难受！老师，怎么改变呢？

我：嗯，改变的第一步，是先理解自己的情绪；理解的第一步，先允许自己恨父母吧。反正你又不会真的伤害他们，恨一下也无妨。

小Ｘ：什么是"允许自己恨父母"呢？究竟怎么做？

我：我举亲子关系的例子可能你会更好理解。孩子在发脾气的时候可能会口不择言，比如他们会说"滚开""我要打死你""我不要你做我妈妈"，这些其实都是孩子愤怒的表达，但如果我们告诉孩子"你不可以这样讲话"，那么孩子会更容易平静还是更容易愤怒呢？

小X：当然是更加愤怒了，我家孩子就是这个样子。

我：那对比下另外的做法。比如，我们告诉他："孩子，你是可以生气的，你也可以想打妈妈，不过妈妈也会保护好自己，同时如果你选择打沙发，妈妈会感谢你，现在妈妈想知道你因为什么而生气，你可以告诉我吗？"如果用这种方式，孩子会更容易平静还是更容易愤怒呢？

小X：这种方式很好，确实，这样孩子就更容易平静了，因为被允许、被关注了。我也可以尝试用这个方法对我儿子了。

我：嗯。不过回到你的提问，举例中有情绪的那个孩子是你，我希望那个妈妈也是你。如果你能够对自己有这样一份允许，那么你就可以更好地理解情绪了。

小X：……有点明白了，可是怎么理解呢？恨不是最糟糕的情绪吗？

我：你觉得自己是因为什么而恨爸爸妈妈呢？

小X：因为被忽视吧，或者是其实希望得到支持，却总也得不到，也可能是因为爸爸总是发火，整个家乌烟瘴气的，说起这些真的很伤心。

我：你口中的恨，在我看来，是女儿对父母关注和疼爱的呼唤，是对家庭温暖的渴望，所以你的恨是爱而不得的伤心。也许，在另外一个层面，恨是自己宁可保留痛苦，也不想伤害父母，所以才拼尽全力的保护……

我的话还未说完，小X已是泪如雨下。我想，她就快迎来雨过天晴的时刻了。小X的案例就分享到这里，接下来讲讲面对情绪时的几大重点。

**情绪要点：时间的复合**

很多时候我们会以为，自己在感受到情绪的时刻就是情绪出现的时刻，其实并非如此。导致情绪产生的内容可以来自过去，也可以来自现在，还可以来自未来。比如下面的例子：

· 过去

例句：你知道我之前怀孕的时候吃了多少苦吗？

浅析：这是把过往的经历放到现在的对话中，俗称"翻旧账"，表达愤怒或者埋怨。

特点：人生经历中各种重要的感受累积而成，情绪强度大，以愤怒、怨恨、悲伤、恐惧等强烈情绪为主体，可以长期压抑，并与主观经历关联，也可以是回忆过往经历和情绪时的二次感官加工。

· 现在

例句：你把我的水打翻了，我有点生气。

浅析：事实加上基于事实的情绪反应，简单直接。

特点：对外界即时反应的情绪，强度适中，与当下事情相关联，情绪丰富。但容易混入过去或未来的情绪，使现在情绪成为导火索，引发过往累积或担忧未来的情绪。

·未来

例句：我感觉很不安，有一天你肯定会离开我的！

浅析：这是把未来"可能"发生的事情，提前在现在进行表达，情绪为焦虑和惊慌。

特点：因对未来的未知或不确定而产生的焦虑为主的情绪，以焦虑、担忧、恐慌等恐惧主导的情绪为主。

对于大多数人来讲，言语表达中或多或少都会带着来自过去或未来的信息，这些信息如果总是被忽视，就会出现情绪累积和被触动后强烈爆发的现象。同时，这些信息也是了解情绪的钥匙，所以，不论说话的是自己还是对方，当我们理解到情绪并非只属于现在这个片刻，只是对方被过去或未来的事情所困扰时，也许我们就会多一分宽容。如果你学过非暴力沟通，也许你会注意到，以现在作为内容的情绪表达，就是非暴力沟通四步中的第一、二步，也就是描述观察和表达感受。

**立体的层次**

情绪不仅是时间的复合体，其内部还有立体的层次结构。举个简单的例子，我们内在可以在极短时间内对同一件事有多种情绪反应，比如小X的爸爸说，"你离婚怎么不考虑后果"，这时候小X可能有被责怪的惊诧，可能有想反驳的愤怒，可能有不被支持的失望，也可能有过往累积的怨恨，还可能有心痛和悲伤。如果小X认为父亲目光浅短、认识有限，可能还会有鄙夷和轻蔑；如果小X把父亲当作救命稻草，那么小X会感到绝望；如果小X发现自己想要攻击父亲，可能会内疚和羞愧——这些都可以在很短的时间内发生，也代表着每个人内在不同层面、不同角度的声音。在这里分享下我的总结：

情志层次表

| | 情绪层次 | 情绪或状态 | 说明 |
|---|---|---|---|
| 外层 | 社交层 | 工具型情绪，社交、礼貌的情绪 | 表面化的情绪反应，与真实感受连接度有限，主要有问候、讨好等功能 |
| | 辨识层 | 认同、否认、平静、鄙夷、喜欢、逃避等 | 对外界信息做出的表面化反应，也包括与人建立关系的初期，对他人本能的喜恶等反应 |
| | 本能层 | 生气、害怕、难过、快乐、麻木等 | 对于影响自己事件的情绪反应，通常可以被直接感受到，包括喜怒哀惧以及冲突中的情绪等 |

续表

| | 情绪层次 | 情绪或状态 | 说明 |
|---|---|---|---|
| 中层 | 阴影层 | 羞耻、愧疚、嫉妒、怨愤、憎恨、傲慢等 | 通常不被外界接纳，多被人压抑和隐藏，通常难以面对和表达，面对真实自我的必经之路 |
| 内层 | 动机层 | 期待、希望、渴望、愿景、意义感等 | 内心的动机层面，与核心层的需求直接联系，通常积极正向，却易被阴影层隔断 |
| | 伤痛层 | 痛苦、遗憾、失去、分离、悲伤、悲悯等 | 与动机层相应，无法达成期待内心自然痛苦，所有负面情绪的本质都是失去和悲伤，是生命最核心的伤痛 |
| | 核心层 | 有价值的感觉、爱、连接、归属、保护等 | 生命的最高追求，以上所有各层的终极目的，透过平凡的生活我们渴望的终极体验 |

　　在我看来情绪有非常完整的内部结构，而且可以多层同时运作，互不干涉。我们想要去跨越自卑，其关键在于阴影层和伤痛层的转化，如何能让这两层的负面情绪更多地被看见、被理解、被接受、被转化，这是问题的核心。在小 X 的案例中，当我去触碰到她内心的核心层情绪时，她的悲伤便开始全然地释放。在情绪的内层不仅有伤痛和渴望，还有人

性当中最真挚而美好的部分。

另外，外层情绪的主要功能是保护，如果环境中充满不安全的因素，那么很可能我们只会用外层的情绪运作心灵，这种状态对于求生是非常必要的，所以古时候风餐露宿的猎人不会因为宰杀动物而内疚，因为中层、内层的情绪是在相对安全的环境中才会逐步显现的。比如现在，我们对于宰杀某个动物，多数人会于心不忍，这并非意味着我们和古代人心理品质有太大的差别，而是环境的安定让我们能更多地打开自己。

### 高昂的代价

你是否思考过，为何我们要理解、接纳和表达情绪？

我做过不少情绪方面的案例，如果让我来回答这个问题，你会得到一个很现实的答案：逃避、压抑、否认、自我攻击、向外攻击等方式的代价实在太大了。

精神分析创始人弗洛伊德说："没有表达的情绪永远不会消亡，它们只是被活埋，并且将来会以更加丑陋的形式涌现出来。"坦白讲，他的话并不是危言耸听。

因为情绪是我们的感受核心，对于内在，情绪是我们需求的信使；对于认知，情绪左右着我们的思考；对于外界，情绪和认知共同决定着我们应对外界的行为和态度。可以说，情绪是我们内在世界中，比理性更为核心的决定性因素。

因此，我们漠视或逃避自己的情绪去做事情，就约等于违背了自己的意愿和放弃了自己的某些需求。当然，现实生活中的某些情境让我们不得不压抑和收敛自己的情绪，比如工作环境。而我想说的是，在能够独处和休息的空间里，如果我们在其他时间给压抑和未释放的情绪一个出口，那我们内在就会觉得平衡、满足，甚至有完整的感觉。相反的，如果我们累积了很多情绪不去处理，除了心情压抑、内心郁闷以外，可能还会造成生理上的病变。

所以，真正的勇敢是允许自己脆弱，真正的勇士敢于面对千疮百孔的内心。或者说，这不是勇敢，而是精明，因为在相对安全的背景下，直接面对确实是比较省力的方式（环境若有不安因素另论）。也许某一天我们意识到面对情绪会付出更小的代价，赢得更多的好处，我们才会恍然大悟地脱掉盔甲，拥抱自己的内心。

### 情绪的感受权、表达权与行动的决定权

在小X的案例中，对其最有帮助的重点在于让小X意识到她需要允许自己感受情绪，相信这也是大家常被困扰的。为了能解释得更清晰，在这里，我把情绪困扰的关键节点拆分为三个权利：情绪的感受权、情绪的表达权、行动的决定权。

· 情绪的感受权：当一个情绪产生，我们需要接受情绪带来的各种感受，情绪是人内在世界的真实存在（化学物质、药物等外力引发的情绪不含在内）。比如，相对自卑的人可能会对自己情绪的合理性产生怀疑，甚至认为自己不应该产生情绪，这时他就丧失了对自己情绪的感受权。但其实，感受权是我们心灵世界内部的权限，无须跟他人商议，无须给他人交代，能否把握感受权意味着一个人是否是其内在世界的主人。

· 情绪的表达权：既然情绪是一个人主观世界内的客观事实，那么，在需要或多或少暴露自己来保持亲密的关系中，我们对于自己过去、现在、未来等内容的情绪拥有一定程度的表达权。这里涉及关系的另一方，情绪表达的尺度、表达权的运用是否得当通常由双方决定。比如，在对方疲惫不堪时，我们情绪的表达权会变成对方的压力，而如果我们确认对方是愿意聆听的，那么表达权就会成为双方互动的桥梁。

· 行动的决定权：我们拥有决定自己行动的权利。很多时候，由于我们担心自己被情绪操控而丧失行动的决定权，就会运用决定权去干涉情绪的感受权和表达权，这就是"我不允许自己感受"和"我不允许自己表达"的原因。但实际上，情绪的感受权和表达权跟行动权无关，因为从感受表达到行动，中间还有我们的决策过程。所以如果让情绪的进程从感受到表达是被允许的，同时我们决定暂缓决策和行动的过程，那么这个心理活动就是纯粹地接纳情绪和表达情绪。

在小X案例的一开始，她三个权利全部丧失，也就是既不允许自己感受对父母的恨，也不允许表达，更不允许基于这些情绪做出行动。而我给她的建议是，首先拿回感受权，当小X可以把心开放给自己的恨和恨背后的伤痛，负面情绪一定会相应减轻，之后在情绪释放、创伤疗愈、关系调整等心理工作完成后，如果有机会她可以尝试把减轻过的"恨"在父母愿意聆听的情况下表达，那么她的情绪会好很多——而这不就是情绪自信吗？

### 如何培养情绪智能

最后我们来讲如何提高我们对情绪理解、接受、表达、转化的各种智慧和能力，建议你准备一个纸质或电子版的"情绪本"，把这个文本当成理解、分析和释放情绪的空间。

第一阶段：觉察情绪

如果你发现接受自己有某些情绪是件困难的事情，那么，你可以选择从这个阶段开始。同时，我会建议你放下对情绪结果的追求，因为本阶段的目标是初步恢复自己与情绪、感受之间的联系，所以最关键的提醒是"所有情绪都有真实性，所有情绪都有道理"。

·第一步：发现自己对不同情绪的反应

你需要探索的是以下几个问题：

·在我的生命中，我允许自己对哪些情绪有感受权？这些情绪给我带来了哪些好处？

·在我的生命中，面对自己抗拒的情绪，我会因为什么而放弃对这些情绪的感受权呢？

·一般情绪发生多久之后，我会意识到自己有了情绪？

·意识到情绪，会给我带来什么不同？

·第二步：观察自己排斥的情绪

如果你排斥的情绪是×××情绪，你需要探索的是以下问题：

·我会如何评价和形容×××情绪？

·我是如何排斥×××情绪的？通常会有怎样的结果？

·当自己陷入了×××情绪，我会认为自己是个怎样的人？

·我对待自己×××情绪的方式是否友善？

·第三步：觉察自己与所排斥的情绪的关系

尝试把你和×××情绪之间的关系具象化，你需要探索的是以下问题：

·如果我以对待×××情绪的方式来对待朋友，对方会有怎样的感受？

·如果我们爱的人被×××情绪所困扰，我会愿意帮助对方吗？我会建议对方如何应对？

· 如果找到某个方法可以帮助他人应对×××情绪，我是否愿意帮助自己呢？

· 附加步：觉察情绪恢复的过程

观察自己有情绪之后，自发地恢复过程，你需要探索的是以下问题：

· 我做哪些事情会让我从情绪中恢复过来？我愿意自己很快地恢复吗？

· 如果我可以平等地接受喜怒哀惧等各种情绪，我的生活会有哪些变化？

以上这些问题可以帮助你探索自己的思维和认识，如果你需要处理情绪，建议借助有氧运动、散步、瑜伽、太极拳等。如果你发现自己能够接受自己的大部分情绪，并且主动花时间与情绪共处和理解情绪，那么你就可以进入第二阶段了。

第二阶段：觉知情绪

进入第二阶段就意味着你与情绪有了连接，本阶段聚焦在觉察和觉知，这是锻炼自己感知能力的阶段。因为情绪智能并非一蹴而就，能够保证我们未来和情绪和谐共处的是我们内在的能力和智慧。在本阶段我们需要思考以下问题：

·第一步：找出自己的核心情绪和模式

你需要探索的是以下问题：

·日常生活中，对我来说最主要的几种情绪是什么？

·这些情绪分别对我的认知、思考、行为、表情、态度等方面有怎样的影响？

·我的情绪从升起到发展，再到释放和转化，有没有某些规律性的模式？

·对于我能基本允许自己感受的情绪，我会珍惜自己的表达权吗？

·如果我可以更早地意识到自己的情绪，这对我的思维和行动有什么影响？

·第二步：觉知所抗拒的情绪与阴影层

我们所抗拒的情绪，很可能源自难以表达的阴影层，比如愧疚、羞耻等，你需要探索的是以下问题：

·我十分抗拒的情绪有哪些？分别出现在哪些情境中？

·我所抗拒的情绪对应着阴影层的哪些情绪？

·面对相应的阴影层情绪，我有哪些相应的经历？

·第三步：发现情绪背后的脆弱、期待和需求

不断地了解情绪，总结规律，挖掘情绪的更深层次，你需要探索的是以下问题：

·我内心中最脆弱的部分与什么有关？与谁有关？

·在我日常生活中，我的脆弱如何表现？与我其他的情绪如何关联？

·我内心的伤痛可能是因为哪些期待无法实现而产生的？我允许自己脆弱或伤心吗？

·我内心的期待与什么有关？与谁有关？我爱这个人吗？我在用怎样的方式表达爱？

·情绪背后的需求可能是什么？

·我渴望保护谁？我希望与谁连接？我希望自己在哪里寻找到归属感？

·附加步：觉知自己内心的动机

你需要探索的是以下问题：

·透过上面的问题，我有更加了解自己吗？如果有，我会因此而更加放松吗？

·如果以上问题没能帮到我，那原因是什么？我是否对自己仍然有批判？

·我是否接受自己，目前能不能用相对友好的方式对待自己？

觉察阶段需要不断地探索自己并收集情绪资料，建议多去观察、感受、记录，在数据累积和材料分析足够多之前，不要轻易下结论。虽然不敢完全确定，但上面的问题列表很可能会发现我们心灵深处的一种需要——被看见的需要，只不过看见我们的是我们自己。关于表达的部分在本章第三节中会有详细探讨。

第三阶段：觉照情绪

当我们通过前面两个阶段已经"摸清了自己的习性"，很可能你已经发现情绪和自己需求之间的联系了。在这个阶段，我们要尝试把情绪转化成某些动力，这里的"觉照"，是觉察并照顾。当我们已经能够了解情绪背后的需求，接下来就是用各种方法来满足自己，同时继续寻找更好的方式。比如探索以下问题：

·第一步：关注自己的需求

当我们深刻地明白情绪是需求的信使，那么我们就得关注自己的需求，你需要探索的是以下问题：

·对我来说，最重要最核心的需求有哪些？

·我在生活中是如何满足自己这些需求的？我有几种方法能去满足自己？

·是否有某些自我满足的方式仍然会给自己带来某些痛苦？这些痛苦来自哪里？

·第二步：改善自我满足的方法

如果你发现自我照顾和自我满足的方式里，仍然包含引发痛苦的模式，接下来可以尝试调整。你需要探索的是以下问题：

· 如果要降低痛苦，我需要做出哪些改变？

· 我提高哪些能力，有助于自己更好地满足自己的需求？

· 第三步：教对方更爱自己

如果你已经能够较好地照顾自己，也许你就可以把成功的经验放在关系中，你需要探索的是以下问题：

· 如果要更好地照顾自己内在的需求，我需要改善哪段关系？

· 我期待的关系是怎样的？我如何在关系中照顾好自己的情绪？

· 我期待的生活是怎样的？我会如何照顾对方的情绪？

以上就是我总结的，能够帮我们由浅入深地探索情绪的问题，希望对你有所帮助。如果在第三阶段"觉照情绪"里的某些部分有困扰，可以在本章后续几节中寻找答案。

## 正视自我——你本来就无所不能

恢宏志士之气，不宜妄自菲薄。——诸葛亮

在第四章中我们讲过，透过悲观可以窥见人生的低沉惨淡而有道理的面向，也可以保护内心的期待不受伤害，但悲观并非现实。在我看来，悲观是感性失落后的无奈理性，而相比之下，客观是感性放松时的冷静理性。本节内容将聚焦在如何相对理性、客观地看待自己。

对于自卑的人来说，正视和认可自己算得上难事，因为看到自己"这也不行，那也不行"，就有理由对自己不屑一顾。坦白讲，这是一种"功利"的心态，因为尊重、认可跟做出的成就相挂钩，似乎做得不好就不值得以礼相待。如把这种心态放在人与人的关系中，就会出现对"弱者"居高临下的鄙夷："你没本事，我凭什么瞧得起你！"——我相信现实生活中喜欢这类人的不会太多，而相对自卑的人恰恰在用这样的方式对待自己。你可以回想一下，你自己是否也有类似的部分？如果有，你会想做出改变吗？

本节就来探讨如何改变自我认识的三个要点：正视自己、清晰目标、发现天赋。

### 正视自己

到此，本书已经从各方面讲述了自卑者如何负面地看待自己，甚至可以说在"众生皆苦"的人生前提下，自卑者看待自己的方式给自己凭空添加了额外的负担，所以如果希望自己未来的人生能够轻松、快乐，我们就必须成为自己的助力，而非阻碍。其中，很重要的一个方面就是公正公平地看待自己。在这里分享我和小Y的一段对话，她坦言自己有性格问题，内心充满自卑。

小Y：我感觉自己一无是处，做什么都不如别人。

我：这样啊，这些是跟谁做的比较所得出的结论呢？

小Y：所有人啊，感觉别人都比我好。

我：请允许我夸张地问问你，你真的很认真地跟所有人做过比较吗？比如饱受流离之苦的难民？你真的觉得自己比他们差？

小Y：不至于跟难民比吧……要比的话，我当然比他们好很多。

我：所以你并不比所有人差。

小Y：这个……你要这么说，我也没法反驳，不过就是觉得自己不好。

我：所以，你确定自己不比所有人差，甚至比不少人还好一些？

小Y：是的，我确定自己比很多人好，不过承认了，那又能怎么样呢？

我：承认自己比其他人好的感觉怎样？

小Y：嗯……虽然确实我比很多人好，但说出来还挺有压力的。

我：嗯，那这些压力你觉得来自哪里呢？

小Y：我也不知道，就好像自己没那么好……

我：在你身边的人当中，谁会认同这个观点，或者是谁曾对你传达"你没那么好"？

小Y：……是我爸爸。

原来，小Y作为长女，父母都给予了很高的期待，尤其是爸爸。在她的回忆中，虽然爸爸妈妈都比较照顾她，但同时，爸爸也很爱面子，他希望自己的女儿事业有成、婚姻美满，小Y也一直在努力完成爸爸的期待。但是没有人能轻而易举地成功，也没有人命中注定会幸福。于是，在很长一段时间里，小Y都深感挫败。

讲到这里，也许你就明白了小Y为何承认自己自卑，也许她心里渴望向爸爸表达无法说出口的话：很抱歉，爸爸，我拼尽全力也没能达到你的期待，为此我非常自责，心里的内疚让我很难受，为了好受点，我只能认为自己不够好。爸爸，因为让自己成为你眼中优秀的孩子，实在太累了……

我尝试说出小Y的心里话之后，她泪流不止。在下一步咨询中，她需要面对与父亲关系中的纠缠，并且思考如何面对父亲的期待，当然这个过程少不了释放情绪和疗愈伤痛。

虽然她的案例并非适用于每个自卑者，但是，当我们对自己有负面评价时，可能需要看见这些评价因何而来。也许以下问题会帮你厘清对自己的负面评价：

· 我对自己的评价是与谁做比较的结果？

· 比较出的结果对我有帮助吗？

· 客观事实是人"各有所长，各有所短"，我与他人的比较结果是否客观？

· 如果不客观，我遗漏了哪些部分？

· 如果一个陌生人在逐步认识我、了解我之后，会觉得我是一个怎样的人？

· 爱我的人和我爱的人会认同我对自己的评价吗？他们会怎么评价？

·我对自己的评价，源自谁对我的评价？我为何接受这个评价？

·如果我对自己的批评，是为了向某个人表达认同、尊重或者爱，这个人是谁？

·如果说"展现自卑"是种"传达信息"的方式，那么我在传达的信息是什么？

·我愿意从现在开始尊重自己吗？我愿意在未来公正地对待自己吗？

我想，上面这些问题会帮助我们很好地进行自我探索，另外，我在这里想表达的是，那些相对自卑的人，他们的自我批判，很可能有内在更深的动机，并非仅仅源自与外界的比较。在小Y的案例中，我们可以看到导致她自卑的挫败感来自无法达成父亲的期待，而这份动机背后，是孩子对父母的忠诚，也是一种爱的表达方式，只是这是一种牺牲式的爱——而这也确实是自卑者看上去在做的事情，他们摒弃自己的价值，放弃机会，不断打击自己，甘愿居于卑微，牺牲了内在的某种"尊严"，而这份牺牲式的付出一定是有道理的。在这里我多举几个例子：

·也许有的自卑者要向自己贫贱困苦的养育者表达敬意，哪怕生活已经改善很多，却仍然苛刻地勤俭持家，仿佛"不配"过上富裕的生活，他们内心的想法可能是"我和你们在一起，虽然我已经很富有，但贫穷才是我所熟悉和亲近的"。

·也许有的自卑者想要表达对重要亲人的心疼，可能这些亲人罹患病痛或者内心悲苦，于是自卑者很可能不允许自己活得比重要的亲人好，他们内心的想法可能是"你还在痛苦，我有什么资格去幸福"。陪着亲人痛苦，这意味着关系比自己的感受重要得多。

·也许有的自卑者对养育者非常愤怒，比如养育者脾气暴躁，语言充满讽刺或者威胁，甚至会对家庭成员使用暴力。但或许并非是养育者毫无关爱，但自卑者一方面被打击，一方面想反击，于是他们在内心就会强烈地厌恶自己，甚至想透过毁掉自己，来让养育者关爱的那部分感到疼痛。这是，他们内心的想法可能是"你看你都对我做了些什么，我要把自己毁掉，让你看到自己养育的失败，哪怕我牺牲自己，也要让你感到痛苦"。而这句话的背后，其实还是对爱的渴望，对美好的呼唤。

说实话，我没办法涵盖所有的情况，但对于本小节的案例我想补充的是，牺牲式的爱必然让我们痛苦，自卑的某些特征可能就是不恰当的爱的方式。如果我们能意识到："天哪，原来我这么为难自己、放低自己，其实内心是渴望得到更多的爱和过上更好的生活，那我支持自己、鼓励自己，用自己的爱温暖自己，不正是我想要的吗？"——我想，爱自己才是捷径。

### 清晰目标

在上一小节的最后，我们提到了也许自卑背后会有某些更深的动机，其实这就要谈到个人内心的渴望、期待或者说目标，即自己真正想要的是什么。通常，我们的目标是依据目前人生阶段的"问题"展开的。爱因斯坦说："一个好的问题比一个正确答案要重要。"目标定得好，一样会帮助我们解决困难。

在心理咨询中，我会选择一开始就抛出这个问题，同时观察对方会如何回答。此时，如果我问你，"你想要的是什么"，你会怎样回答呢？在这里我列举了一些可能的回答：

### 反面的举例

· 我希望别人不去议论我。

· 我希望伴侣能够理解我。

· 我希望我的爸爸妈妈不要总是逼我结婚。

· 我想自己可以不痛苦。

· 我想自己情绪别那么暴躁。

· 我想自己不这么自卑。

· 我想要幸福。

· 我想要快乐。

· 我想要自己变得更好。

以上九个句子都是我曾听到的对于"你想要什么"这个问题的回答，那么，你的回答与此有类似之处吗？当你读完这些句子，你会为这些心灵的渴望和期待所触动吗？

在我看来，当我们运用这些类似的句子去表达"自己想要"的时候，期望通常难以实现，为什么呢？下面我们就来分析下。

也许你有注意到，我特意用了三种开头将其区分成三个类别：

· **要他人改变**

前三个以"我希望"开头的句子，在日常生活中我们经常用到。比如，和伴侣吵架，两个人都用很恶毒的语言攻击对方，当不欢而散后，自己去回想整个事件的过程，我们也许会得到如下结论："如果他说话的语气可以好一些，我就不用这么生气了，这样我就不必继续反驳和攻击他了。"再说得简单些，就是"我和你之间有痛苦，你改变了，我的痛苦就消失了"。不过，这样的期待通常会落空，因为对我们的父母、伴侣、朋友来说，他们如何思考、如何感受、如何经营自己的人生，我们是决定不了的。因此，这样的期待注定是徒劳的。

如果一个人总是期待别人做出改变，其人生就不再由自己决定，自己的幸福、快乐和满足更多由外界来左右。也许有人会说这叫"顺其自然"，但在心理上，恰是一种依赖，很像是"看天吃饭"，其核心包含着排斥或拒绝为自己的期待负责任。

《孟子》云："行有不得，反求诸己。"这句话意思是，如果做事不达预期，要在自己身上找原因。放在本小节中，我想表达的是，人生期待的核心是"我"想要，于是"我"必须是自己人生的主人，如果"我"不考虑自己的需求，那么"我"就是被动的，"我"的期待也就难以实现，实现不了的痛苦也是"我"来体会。举个例子，如果我希望伴侣能理解自己，那么更切实可行的思考方式是：我真的很希望对方能理解我，我要做些什么能让我实现这个期待呢？这个问题的答案也许是改变语气，也许是改变说话的速度，也许是提高沟通的技巧，也许是多站在对方的立场思考，但总而言之，我们似乎已经开始实现自己的期待了。

· 我不想要的

除了前面列举中以"我想"为开头的三句话，我再多列举几个：我不想焦虑、我不想抑郁、我不想纠结、我不想这么没有安全感、我不想这么委屈自己……对很多人来讲，表达自己想要什么的方式就是去掉眼前不想要的。

我们可以对比一下这两句话：第一句，我想要放松；第二句，我不想要紧张。只看这两句话本身，哪一句会更容易让人放松？其实这个原理很简单，就是你越关注什么，你所关注的就会反过来对你产生影响。比如心理学的"聚光灯效应"，就是当众出丑之后，别人很可能都忘记了，但由于我们自己特别在意，就会以为别人也会在意，这个过程就是自己在把所关注问题的影响力无限放大。而当我们越是表达自己"不想要的"，就意味着我们的注意力被死死地锁定在"不想要的"之上。

这种情况下，最好的建议是把否定意义的词换成正面的描述，比如，"我不想纠结"可以改为"我想清晰自己的选择"，"我不想焦虑"可以改为"希望在面对未知时，我也能够保持一定的放松状态"，"我不要这么自卑"可以改为"我希望自己能更信任自己，尤其是在遇到挫折和批评的时候"。前后对比一下，是不是改成正向的描述会感觉要好多了？

也许需要反思的是，为何有时我们会用自己的"不想要"来表达自己的"想要"？在我看来，这种"不想要"背后有一种"完美假设"，就是"我的人生只要没了某个困难就会恢复到之前幸福美好的样子"，这其中也许有失去先前较好状态的失落，也许有无法容忍缺憾的急躁，也许有对于缺陷处的愤怒和攻击，但我觉得最关键的是这种"不想要"也会妨碍自己在困难和缺憾中学习，而现实中，我们每一次进步都基于之前的各种挫折、失误和错误，人的成长和进步从来不是不断地维持原先完美的自己，相比之下，我认为这更像是积少成多、聚沙成塔的过程。查尔斯·诺布尔曾说，"有了长远的目标，才不会因为暂时的挫折而沮丧"。如果你也觉得这句话有点道理，那么这位名人话语中的"长远的目标"肯定不是指"未来没有挫折和沮丧"吧？

· 空洞不清晰

最后三个以"我想要"开头的句子是一类，类似的还有："我要做自己""我要自由""我要内心更强大"……这些确实是积极正面的描述，但通常言之无物。

如果现在我邀请你去想一想，对于你来说，什么是更好，什么是强大，什么是自由，什么是做自己，你会如何回答呢？这种情况，我在咨询当中经常遇到。比如，我听到对方说希望自己变得更强大时会问："什么是更强大呢？"对方通常会一时间不知道怎么回答。坦白讲，就算是我看到这些问题也会感觉到脑袋一懵，因为这些所谓的"想要"，都是抽象的概念，每个人对于这些概念的定义是千差万别的。另外，概念越抽象也越意味着其中包含着人的感受，比如"想要自由"，对于小孩子来讲，在大游乐场就会感到自由；而对于成年人来说，自由的意义可复杂得多，可能意味着足够小康的收入，可能意味着亲密而独立的关系，可能意味着父母给予信任的空间，可能意味着事业上有机会全然展现自己的才华，当然也可能仅仅是外出旅游，在草原上骑着骏马驰骋……这些都是自由。但如果我们想要自由，我们得知道自己要的具体是什么。

为何我们有时会用空洞的概念来表达自己的期待呢？在我看来，就像是"反正梦想我是有的，能不能实现另说"，这类似于我们之前说的"微妙的平衡"中的"壮志"，梦想的存在似乎没让自己步步推进，反而成为某种安慰，甚至阻力。

那怎样才是不空洞的目标呢？比如"我要做自己"一句让我来修改的话，我会改成"我希望在与人相处时，能够更多地表达自己的感受和意见"，或者"我希望在和伴侣相处时，能够轻松地提出自己的需求"，再或者"我渴望在工作中能够更多地发挥自己的能力和天赋"……这些都可能是"做自己"的具体描述，改过之后你是否觉得问题更清晰？是否感受到改变的希望呢？

**正面的举例**

英国有句谚语："无目标的努力，有如在黑暗中远征。"我想，相对自卑的人很需要灯塔似的目标来指引自己的航线。通过上面的反面举例，我们可以总结出好目标的特点如下：

· 自主：可影响的范围内，关注自己能做什么。

· 正面：正面而直接地描述自己想要什么。

· 准确：需要具体到某个方面的某个问题。

在我看来，要准确无误地表达出自己的渴望，就需要对自己的内在有相当的了解，对不少人来说还是会有点困难。所以我建议可以为自己提出两个版本的目标，即内容版和标题版：

· 内容版：详细而准确地描述在当前阶段中自己想要的是什么，用语正向，同时聚焦于自己的影响范围内能做的。

· 标题版：将内容版概括出具体而简短的句子，用于提醒和鼓励自己。

比如，在我和小Z的咨询中，她清晰自己咨询目标的过程对她就非常有帮助。

我：你好，有什么需要我提供支持的？

小Z：老师，我想你帮我处理原生家庭的创伤！我感觉自己总是被小时候的事情影响。

我：你说的"被影响"指的是什么呢？

小 Z：我跟我爱人总是吵架，就像是我妈和我爸之间一样啊！

我：夫妻冲突的影响因素还是有很多的，那你的目的是解决两性关系的问题，对吧？

小 Z：对呀，我以为解决原生家庭的问题就可以解决我和爱人的冲突。

我：如果有办法可以直接解决你和爱人之间的问题，那是不是就不用探索原生家庭呢？

小 Z：如果有的话，当然好了。做咨询之前，以为必须要处理和父母的关系，还鼓了很大的勇气。

我：那你具体想解决两性关系里的什么问题呢？

小 Z：我想我爱人能尊重我，他现在说话都是冷嘲热讽的，实在太气人了。

我：这样，如果真的是冷嘲热讽，确实听着很不愉快。不过你爱人不在这里，我就算打电话给他去讲他应该尊重你，估计也解决不了问题，对吧？因为是你来做咨询，我没办法改变他呀！

小 Z：这也是，但我总觉得心里不平衡。要不你教我怎么能报复一下他，不然我心里太憋屈了。

我：嗯，我理解你的心情，不过，我只擅长帮你达成比较正向的目标，如果是报复的话，真的不是我擅长的领域。

小Z：对对，我的提议不好，但我真的不知道怎么说比较合适了。

我：在我看来，你跟伴侣之间的冲突，比较影响你的情绪，那你会希望自己更平静一些吗？比如在外在有冲突的时候。

小Z：情绪？确实啊，我性格还是有些急躁，所以就我改变了，他不用变是吗？

我：你可以尝试改变他，不过，既然你们在吵架，那说明你已经尝试过了，不是吗？你能改变的也只有自己吧！

小Z：好吧，你觉得我需要怎么改呀？

我：不是我觉得你怎么改，如果你能接受现在自己的状态，你不改变也是可以的，其实关键在于，你自己想做出怎样的调整？

小Z：我想想……我想做的是，如何沟通才能让他理解我的情绪吧！

我：这是个很好的题目，你之前是怎样跟对方沟通自己的情绪呢？

小Z：他说话不好听，我就很生气，有时候我会直接骂他，就像"狗嘴里吐不出象牙"算是客气的；有时候赶着出门我就会摔门；吵架严重的话我跟他都会摔东西……我们分床睡很久了。

我：那你现在对于婚姻是如何打算的呢？

小Z：离应该是离不了，其实他还算是有责任感，跟孩子的关系也很好，有时候孩子还总说我脾气暴躁。我们也不是天天吵架，这一次是涉及我的工作，他的态度让我很生气。

我：所以，你咨询的目的其实是想梳理自己的情绪，改善和伴侣的沟通方式，能够向伴侣表达自己真实的情绪，还有，你想处理最近这次冲突的影响，是吗？

小Z：是的！

我：那么如果要有个精简的目标的话，简单来说，你就是想创造能够良好沟通的两性关系，是吗？

小Z：对！这就是我想要的。

尽管得到了小Z满意的确认，但这个目标与她一开始所讲的相距甚远。在这个案例中，小Z一开始提到的"原生家庭的创伤"就是一个假题目。在对话中，我按照之前的三个要点，不断地理清和总结，最终我们可以看到，小Z目标的内容版和标题版分别是：

·内容版：梳理情绪，改善和伴侣的沟通方式，能向伴侣表达自己真实的情绪，处理最近这次冲突的影响。

·标题版：创造有良好沟通的两性关系。

有清晰的目标，我们就不容易迷茫，同时，也知道自己大概需要去做些什么事情。柏拉图说："良好的开端是成功的一半。"在我看来，这个开端必须包含一个清晰的目标。

### 追寻的意义

这世界上所有生命体的共同特质是"趋利避害"，不论是微生物、菌类、植物还是动物，当然也包括人类，这是本能。而对人来说，趋利避害相对应的是两种生活的姿态：趋利，就是追求快乐；避害，就是逃避痛苦。简单来说，就像是我们在上个小节所说的"我想要的"与"我不想要的"之间的差别。前者关注着如何提升、精进、改善，像是鸟儿在空中自在地飞翔；后者关注着如何消除、逃跑、回避，像是迫于命运的抽打不断前行。澄清一下，这里的快乐不是指短暂的释放类型的快乐，而是指包含着价值感或成就感的、较为长期的快乐，其中或多或少包含着积极、勇敢、幸福、满足等意义，是渴望更好的生命体验。

对于相对自卑的人来说，生活中有很多他们想回避的痛苦，痛苦久了，以至于失去追求快乐的动力。当我们发现自己的人生充满了被迫、无奈、不得不面对的责任时，确实会感到身心疲惫，但越是这时候，我们越需要一个长远的目标，一个用来行动的目标，不是提供安全感的，而是提供希望的、让生命富有意义的一个目标。

蒋勋曾写道："如果你问我'生命没有意义，你还要活吗？'我不敢回答。"蒋勋老师很坦诚，但每个人都在面临自己生命意义的终极思考，我愿意为什么而活呢？是为了某些值得珍惜的经历？在回忆的时候会让我们露出笑容的感动？与亲人朋友相聚相伴或者独处一室也能悠然自得？为民为国的突出贡献？为下一代拥有更美好的世界？我不知道，这是一个只能独自寻找的答案。

但值得肯定的是，一旦我们找到了这个意义，它就会源源不断地提供动力，甚至在我们还不知道要干什么的时候，它都可以支撑我们面对时而阴雨的人生。在探索生命的意义上，以下这些问题也许会帮到我们：

·我在做哪些事情时会体会到满足、快乐和深深的意义感？

·我愿意为这个世界奉献或创造些什么？

·为此我要做些什么呢？

在这里，我也分享一下自己的感悟。我在帮助他人探索内在、转化心理创伤的过程中感到满足和深深的意义感，我愿意为这个世界带来更多平衡和治愈，可以让更多人获得心灵自由。为此我需要运用感性、理性和直觉细致入微地去理解每一个来访者，我要更多地学习、分享和总结，这就是我自己在追寻的意义。我也祝福你，亲爱的读者，祝你找到自己追寻的意义。

### 发现天赋

作家爱默生说："人生来就具有一定的天赋。"你相信这句话吗？

坦白讲，在不断受挫的时候我们很难相信这样的话，但人生不会只有痛苦和困顿，就像是再浓密的乌云也会有阳光洒下的间隙。在人生中那些充满阳光的时刻，我们会体验到幸福、喜悦和充实，而通常我们生命最享受的、最擅长的，可以称之为天赋的事，也在这些时刻中展现出来。

### 天赋的表现

我查阅了很多资料，发现个人天赋的线索就隐藏于生活中做某些事情的状态中，这些状态包括：

- 在做某些事情时极其专注，对于时间的流逝浑然不觉。
- 在遇到挫折时也不会彻底放弃某件事，拥有不懈的热情。
- 非常享受做这件事的过程，就算面对风险和挑战也会继续。
- 这件事获得某项成果后，就会产生意义感和成就感。
- 也许在其他方面会畏缩自卑，但在这件事上有天然的自信。

·很喜欢做这件事情时的自己，感觉做这件事是有价值的。

·通常情况下，所做的这件事带有一定的创造性。

·同样是做这件事，相比其他人要容易得多。

·回忆这件事的时候，会有丰富的感受，比如愉悦、欣慰、感动等。

如果你能找到自己生命中符合以上多条叙述的事情，那么它很可能就是你的天赋所在。也许你会发现，这些状态要么是跟兴趣爱好有关，要么出现在某些娱乐活动中，总之"Just enjoy it"（去享受它）。这种享受并非刻意地为了享受而享受，更像是无意识地做了，却出乎意料地拥有了非凡的体验。

### 天赋的召唤

在《英雄之旅》这本书中，NLP的公认最大贡献者、顶尖培训师罗伯特·迪尔茨和当代催眠大师斯蒂夫·吉利根曾提到的一个词是"召唤"。他们举例说，就像是消防员冲进一幢燃烧的大楼去救人，他们全神贯注的那一刻，不会想到去救人有多少困难，不会想着救了人之后有多少荣誉，但他们还是冲进去了，冲进去是场冒险，而且没有必胜的保障，所以这个动作似乎并不基于个人的欲望，他们仿佛是纯粹地为生命服务，超越了个体的限制。那么，如何寻找内心的召唤呢？斯蒂夫·吉利根博士说："你需要花一点儿时间去感受，去回溯你的生命，有些经历会唤醒你内在深深的存在感和美感，你在生命中做过哪些事情，让你真正将自己带到自我超越的状态？"按照斯蒂夫的说法，我们在过去，甚至在生命的早期阶段就已经体验过被"召唤"的感受了，而你尚未发现的天赋，很可能就在你日常的经历和过往的回忆中。

有点难以理解，对吧？也许我在心理领域的朋友小a的分享会帮到你，他认真地做过斯蒂夫·吉利根博士的练习并从中理解了自己的"召唤"或者说天赋。

那是个分享学习心得的小聚会，小a分享了自己对天赋的认识。他说："最近我对探索天赋非常感兴趣，于是就把几位大师提到的天赋练习都认真做了一遍。斯蒂夫·吉利根老师的练习对我启发最大，我来分享一下。"其他几位听到小a这么说，纷纷满怀期待地看着他。

"其实这个练习非常简单，就是在回忆中寻找，不断地向前寻找，寻找自己做某件事情（可以是很小的事情）最享受的那个状态，在那个状态里面整个人是全然的、专注的、忘我的、有创造力的。当我放空自己回溯过往的时候，我脑海中浮现的画面竟然是自己两三岁的时候坐在地上玩积木，当时我也很疑惑，这跟我的天赋有什么关系？紧接着我就联想到了某次和妈妈聊童年的时候，妈妈对我搭积木的评价，她说：'没有人教过，搭得比大人还好，而且一玩就是一下午。'——想起妈妈的话之后，我就特别吃惊，这不正是所谓的'召唤'或者'天赋'状态吗？"

接着，小a兴奋地说："更让我吃惊的是，那个玩积木的我所展现出的特质，竟然就是现在做心理时的我的风格和技法。比如，有人说我是个理性见长的咨询师，在帮助人探索心灵时，我会做逐点的心理分析，然后连点成线，再连线成体，最后给对方一个完整、综合的印象。这个过程中的每个点都像是一块积木，只要积木摆放得恰当，最后就会出现一个由无数个小块组合而成的积木房子。有时我很希望客户能体验到我的分析的完整性，当然，要做到极致，还是有很多内容需要学习。"

小a的分享让大家都听得津津有味，于是，我赶忙问："还有其他的联系吗？"

"有！"小a很开心我这么问，"在小时候搭积木时，我很想追求一种美感，也许单块积木并不漂亮，但组合起来却是令自己很满意的艺术品。而在我的心理咨询工作中，尤其在引导对方探索自己内在的时候，我会喜欢加入很多美好的隐喻，比如'地平线尽头的光芒''从山顶俯瞰山脚下的河流和草原''轻柔微风和呼吸会带走疲惫'——有几个客户都评价我的咨询'很有美感'，这让我意识到，这种追求在我儿时就有了……"听了小a的分享，我也深受启发。

他分享中所讲的儿时能够全身心投入到的"积木游戏"，包含着现在工作中所运用的天赋的线索，而我在自己的工作生活中也找到了类似的联系。我平时爱看悬疑推理的影视作品，从小就喜欢福尔摩斯，每当在我做完咨询回顾总结的时候，时常感觉自己像是个探长，在破解一个个困扰心灵的案件。我像小a一样擅长运用理性，不过我更擅长把人内心的逻辑和情绪一层层地解析清楚。总而言之，孩提时代的全神贯注就是我们心灵的"召唤"和"天赋"。

### 天赋在哪里

你可能会说，以上是心理工作者的例子，如果自己之前对天赋没有概念，现在想要探索，那该怎样寻找呢？

别着急，我们再看几个例子：年少的牛顿动手能力超常，中学时期的他制作了测量时间的水钟和流水驱动的风车模型；列宁小时候学习成绩优异，阅读大量的课外书，经常给同学讲书中的故事；毕加索的父亲也是一名画家，他发现在毕加索在还不会说话时，就已经能用简单的画来表达自己的意思了；孙中山从小做事麻利、乐于助人，虽然生活得像其他穷人家的孩子一样，但他从小的偶像却是洪秀全——似乎这几位重量级名人在童年时就展露出了与他们未来的成就相对应的特质。

想想看，是不是以上的所有线索都指向同一个阶段——童年，因为童年时期我们的潜意识是开放的，我们会用自己的本真来面对世界，如果有天赋，也一定会在这个阶段集中地展现。而如果我们把享受、愉悦、专注等线索综合起来，就会指向童年的一项活动——游戏，因为孩子在游戏中最专注而快乐，同时也会在游戏中成长，尽管游戏并不一定都是愉快的。高尔基说："游戏是儿童认识世界的途径，他们生活在这个世界里，并负有改造它的使命。"所以了解了我们儿时喜欢玩的游戏，你就接近了自己天赋的基本元素。

心理学家比勒根据儿童在游戏中的不同体验，将游戏分为四大类：与动作和运动机能相关的机能游戏，模仿和角色扮演相关的想象游戏，阅读和观影等相关的接受游戏，运用物品动手创造相关的结构游戏。除此之外，在我国的儿童游戏分类中，还有表演游戏、智力游戏、音乐游戏等，另外我还想补充的是绘画游戏。

在这里，我就根据以上的游戏分类，推测和总结一下游戏所对应的天赋。

| | 儿童游戏内容 | 天赋的关键词 |
|---|---|---|
| 机能游戏 | 身体机能类游戏，以动作的重复和运动带来满足的游戏 | 运动、竞技、健康、敏捷、灵巧、对抗、自我保护、本能反应、团队协作 |
| 想象游戏 | 角色扮演，模仿生活情景，演绎故事，模仿成人等 | 同理、表演、沟通、应对关系问题、好奇、转换角色、角色相关特质 |
| 接受游戏 | 阅读、观影、听故事、问为什么之后得到的回答等 | 理解、接收、整理、分析、学习、理性、观察 |
| 结构游戏 | 用积木、沙、纸张等进行搭建或手工制作 | 建构、设计、执着、制作、触感、创造力、分工配合 |
| 表演游戏 | 个人或团体的文艺表演，有安排或者临时组织 | 合作、随顺、参与、表达、控场、即兴、集体归属感、参演身份相关特质 |
| 智力游戏 | 智力测验、知识竞猜等发展智力的游戏 | 思辨、机敏、逻辑、独立、抽象、记忆、临场发挥 |
| 音乐游戏 | 演奏、演唱、舞蹈等，有伴奏作为背景，与表演游戏有重叠 | 才艺、节奏、展现、美感、投入情感、动作协调 |
| 绘画游戏 | 使用各种不同的画笔，运用不同色彩进行绘画创作 | 临摹、搭配、色彩、建构、创作、美感、用图像来表达 |
| 其他 | …… | …… |

　　以上是我尝试做出的总结，不一定全面，或许并未完全针对你的情况，但你可以据此回忆自己的童年，并尝试找到与自己相对应的部分，或者可以脱离这份表格，去寻找到属于自己的天赋特质。

　　虽然将其称作天赋，但对于绝大多数人来说，我们一样是普通人。不过，如果我们足够幸运，能找到一件自己喜欢、做起来又开心的事，再恰巧还能帮到别人，甚至可以为这个世界提供价值，那何乐而不为呢？

　　当我们深入地了解了自己，知道自己某些长处和优势，我们就不需要自卑的保护色了，人生也就会赢得更开阔的发展空间。

## 表达自我——你的感受应该被听见

上帝没有要求你们成功，他只要求你们尝试。——特蕾莎修女

对于相对自卑的朋友来说，如果能在管理情绪和自我认知上找到与自己内在的联系与理解，那么下一步要突破的就在于沟通和关系了。

### 明确拒绝

自卑心理会带来人际关系上的模糊，就好像"需要通过讨好来提高自身价值"或者"没资格拒绝"，其内在的声音好像是"我已经这么糟糕了，如果我再不讨好别人，再不为别人做事情，还会有人爱我吗"。

确实，互帮互助和奉献自己是我们崇尚的美德，分工协作让我们成为这个星球最强大的物种，但相对自卑的人最容易忽略的重要事情是，自身的需求像其满足他人的需求一样重要，这就是人格上人人平等。所以如果你发现自己在过度地满足他人，那么你很可能需要学会如何拒绝，学会如何明

确而有效地拒绝。

## 四个考量

对于相对自卑的人来说，明确拒绝的一个困难在于如何判断这件事情是否需要拒绝。有时面对其他人提出的要求，我们会感觉到为难，这种感觉就好像在说"最好不要答应"，但它也容易因我们对情绪的掩盖而被忽略掉。除此之外，是否有其他的考量方式来判断一件事是否该拒绝呢？下面我分享四个考量，这会帮我们分辨哪些事我们需要拒绝。

### · 界限的考量

界限是关系的边界，就是在身份上我是否有义务去帮助对方，或者身份上帮助对方是否合适。比如，一名民警看见两位市民有争吵，于是上前去解决冲突，这是符合其身份的，哪怕这位民警已经下班了。而如果同样的情景换成其他职业的人，比如"医生，您给过来评评理"，显然就不合适了。在家庭中，父亲或母亲的诉苦通常是孩子难以拒绝的，但身份上年幼的孩子不能完全充当父母倾听者的角色，他们会受到父母内心痛苦的感召，于是很可能忽略自己的感受，进而更容易牺牲自己，跨越界限的爱通常会带来痛苦。

### · 能力的考量

除了身份是否合适，我们还需要考虑自己的能力，对能力的考量就是要看对方请求我们的事情是否在自己的能力范围内。举个极端的例子，如果有人落水，而我们不会游泳，或者会游泳但能力不足以救人，也许这时候最有帮助的做法是快速求援。生活中也是一样的，有的父母面对孩子想购买昂贵玩具的要求，或者谈婚论嫁时面对伴侣对于物质的要求，发现自己做不到，通常会陷入极度的内疚中，因为我们真的很希望对方满意，就算为此批判自己也在所不惜。但实际上，照顾对方感受的主要责任人是对方本身，责怪自己并不会解决问题，甚至会加大自己成长和进步的难度，所以这时拒绝是很好的自我保护，同时也是给对方调整期待的机会。

· 状态的考量

前面讲到我们自身的需求同样重要，那状态的考量就是看自己当时的状态是否足够应付他人所请求的事情。比如，自己下班已经很累了，但伴侣希望聊天，这时候如果你能温柔地拒绝对方，就可以既不为难自己，又不伤害对方。再比如，自己工作任务已经很重了，而上级还在工作群下任务，但由于担心工作各方面受影响，就硬着头皮答应下来，长期如此，必然心生委屈和怨气，如果这些情绪表现在工作中，一边会加大自己被辞退的风险，另一边内心的不平衡会让自己想要"择木而栖"。与其用迎合上级需求的方式来保住工作，更有效的方式是提高自身价值或承担更有挑战性的工作。

· 意愿的考量

意愿的考量就是我是否愿意，也就是说并非关系合适、能力足够、状态良好都满足时就需要答应对方，我们的意愿是一样重要的，这代表着自己的需求。比如，我需要感到被尊重，所以在伴侣用命令式的语气要求我做事情的时候，再小的忙我也不愿意帮，如果我能如实地告诉对方："亲爱的，请你用温和一些的语气，因为我不喜欢命令式的口吻，那会让我觉得自己低人一等。"如果两人都能够习惯于这样的坦诚，尊重彼此的意愿，那么关系会更平和友好。很多时候，"道德绑架"就在于忽略助人者主观的意愿，把符合对方身份、对方能力之内、对方良好状态下的请求变成了对方"应该"完成的要求。

## 拒绝的技巧

· 明确地拒绝

坦白讲，人人都需要有拒绝的权利，而道德的标准或家庭的传统会期待成员们选择"对"的选择，于是"拒绝"很像是接近"错"的选项，表达拒绝也自然变成了难事，而接下来，很多人只好表现得礼貌和委婉，以此让对方体会我们的为难，但现实就是现实，对方也会忙于自己的生活，不一定每次都捕捉到我们内心的抗拒。就像是爱吃鱼头的老爷爷吃了一辈子鱼尾巴，爱吃鱼尾的老奶奶吃了一辈子鱼头，他们失去了很多享受最爱美食的机会，而温柔、明确的拒绝就可以给他们创造表达自己需求的空间。如果你发现自己难以清晰地拒绝他人，也许这几个问题会对你有所帮助：

· 我允许自己拒绝他人吗？

· 在哪些情况下我需要拒绝但一直没拒绝？

· 谁是我一直想拒绝而又无法拒绝的？我的担忧是什么？

· 我可以怎样表达拒绝？我需要更明确吗？

其实，明确的拒绝不在于如何表达，而在于确保对方能接收到，把表达"不行"的句子放在显眼的位置——如果你发现向其他人说出这些话有困难，也许你可以在镜子前看着自己练习，去训练自己清晰而坚定地表达拒绝。

· 顽皮地拒绝

也许你担心明确地拒绝会伤害关系，那么"顽皮"的品质会帮你很好地避免冲突。如果你和对方能把拒绝当成一种游戏，那么关系也会更加轻松。

想象一下，你希望自己的伴侣帮忙买些水果，可能你的措辞不算客气，于是对方打算拒绝你。这时他露出调皮的笑容，伴着某些蹩脚的舞蹈动作，有节奏地跟你说，"今天就不去水果店，谁让你说话有点烦"。我想只要当时不是怒火中烧，多数人还是会"噗呲"一声笑出来。这种方法面对孩子的时候尤其管用，如果孩子觉得被拒绝也可以是件好玩的事，很可能就不会为此哭闹不止，比如，让孩子永远猜不到你拒绝时候的搞怪表情和语气。

对于相对自卑的人来说，生活需要乐趣，乐趣可以来源于外在，比如某些娱乐节目或搞笑视频，但另一个来源尤为重要，那就是我们自己。找到快乐和制造快乐都可以为生活增添色彩，当然也可以让你的拒绝变得有趣。在床上打滚，在镜子面前挤眉弄眼，刷牙时用舌头玩一玩泡沫——生活不会为此而发生天翻地覆的变化，但我们的心情会有所不同。

· 拒绝配允许

生活中如果我们总是彻底地拒绝他人，会让人感到不近人情，尽管很多事我们有权利拒绝，不过我们同样需要面对拒绝对方后可能产生的结果。顽皮和温柔也许有帮助，但一味拒绝并不是长久之计，这时候我们需要选择一个平衡点——拒绝对方的同时，为对方做点什么。

比如在公司，同事请我们帮忙修改文件再打印出来，可我们自己的工作尚未完成，但又不好意思完全拒绝，我们可以运用"拒绝配允许"的技巧，对同事说："不行哦，亲爱的，我没办法帮你修改文件，不过我用打印机的时候可以顺便帮你打印。"这样在一句话中就既包含了拒绝，又包含了自己能力范围内的、状态允许的可提供的支持。

"拒绝配允许"也可以反过来运用，先答应对方，再给对方的请求加上一些限制条件。比如，孩子要求看手机上的动画，我们就可以告诉他们："你当然可以看手机，只要我确认过作业已经写完。"这样的表达会让孩子听到允许，于是会更乐于接受后面的附加条件。

**表达需求**

明确拒绝是用否定的方式表达需求，本小节要讲如何用正面的方式表达需求。说实话，表达需求并不是什么高深莫测的技巧，只要我们活着，就需要不停地满足自己的需求。相对自卑的人会习惯于隐藏或忽略自身的需求，用"怕麻烦别人"的"自力更生"来提高自身的存在价值，但实际上，人与人之间的关系核心就是相互协作、各取所需。那怎样才算表达需求呢？

**需求的探索和表达**

我还是先分享一个案例：

小b对婚后的两性生活感到十分困扰，在他看来，妻子有些强势，总会指使他干这干那，而小b就异常气愤。他一方面愤怒得就像原则受到了侵犯，另一方面又感觉帮助妻子是"理所应当"的事情，内心十分矛盾，于是求助于我。在了解了小b的童年经历之后，我大概就推断出他的情绪源自童年被父母管制的压迫感。

我：你面对父母的时候会经常有这种"原则受侵犯"的感觉吗？

小b：会，小时候挺压抑的，其实感觉已经习惯了。现在就算自己心里不舒服，当时也不会表达，然后连着能憋几天，最后爆发出来，爆发了就觉得不至于那么生气，还挺内疚的。我爱人就评价我是很记仇的人。

我：嗯，你这些心路历程有跟自己的伴侣分享过吗？

小b：很少，她不爱听这些吧。我也觉得意义不大，提它们有什么用呢？

我：讲出来虽然不一定会改变什么，但这些可以让对方更好地理解你。

小b：……好吧，不过我对她还是不抱太大希望。

我：你觉得自己的愤怒背后的需求是什么呢？

小b：就是比较反感受别人控制吧。

我：嗯，我稍微解释一下，所谓的需求通常是人人都需要的，如果你能找准这个需求，只要你一说，你爱人就立刻感同身受。另外，在表达上，需求是会用正向的语句来表达，比如"我需要食物""我需要休息"或者"我需要尊重"，等等。

小 b：……对，我需要的，就是被尊重。

我：如果你真的需要被尊重，那你的伴侣有哪些你认为"不尊重"的行为呢？

小 b：她跟我说话用命令式的口气，动不动就摆脸色，我就很不爽，这肯定是不尊重我了。

我：那你觉得在她请你帮忙这件事上，怎样才算是尊重你？

小 b：她语气上肯定要温柔一点儿，不能直接安排我做事情，我得有拒绝的权利。可是，可是她温柔不下来呀，我又改变不了她。

我：其实，这里不是需要她变得温柔，而是你需要把自己的需求和想法向对方解释清楚，告诉她"我需要你的温柔"。在我看来，这是你需要做的。想想看，你一直在痛苦的过程里挣扎，偶尔情绪还要爆炸，这些都只因为你的伴侣不够温柔吗？

小 b：嗯……我也有责任，确实我表达得太少了。

我们每个人都是自己内在的主人，如果希望得到其他人的理解，也就必须承担起向外界表明和解释自己的责任。对于小 b 来说，一方面要处理原生家庭的伤痛，释放他内在积压的愤怒情绪，这些情绪很可能是儿时指向父母的；另一方面，他需要让伴侣知道自己内在真实的情绪和感受。接下来我跟小 b 探讨如何向伴侣表达自己的需求，我们一起总结了这样的一段话：

亲爱的，当你用接近命令式的语气让我帮你做事时，我感到生气，因为我童年里总是被父母命令，那时候我痛苦、压抑和想反抗，所以我会因命令的语气而感受到威胁。要么我会直接爆发愤怒，要么会压抑一段时间后爆发，这会伤害你，也会伤害我们的关系。我很在乎你，不希望伤害你，所以我希望你能用请求的语气，也希望能在你的话语中听到更多的尊重，如果你语气温和，我很可能轻松愉快地答应下来，这样就避免了爆发情绪。同时，如果你暂时没办法改变语气，为了避免我的情绪压抑或爆发，我会选择拒绝你的求助，谢谢你的理解。

总结了这段话之后，小 b 看上去还算满意。

小 b：虽然有点麻烦，不过这段话确实说出了我的心声。可我还有一个担心，其实我爱人安排我做的就是家务，也许她会说，家务就是我应该做的。她希望家里到处都是整整齐齐的，而我这个人比较懒。她在意的那些，我并不在意……难道我可以什么都不做吗？

我：你当然可以选择不做，不过与此同时，你得面对不做家务可能带来的一些后果，比如，也许你的伴侣可能会因此暴躁，这跟她用命令式语气跟你沟通，你变得暴躁是一个原理。

小b：……原来如此。

我：所以两个人的需求碰撞的过程，是一个寻求平衡点或者说交换的过程，比如你期待对方语气温柔，而你的伴侣希望你帮忙打扫房间，如果你们彼此满足对方需求，问题自然迎刃而解，你愿意为得到对方更尊重的沟通方式，而答应对方做家务的请求吗？

小b：愿意，这样一来，起码做家务不会让我觉得压抑。我明白该怎样沟通了。

对于小b来说，我猜他内心可能还会有的担忧是，如果自己表达需求，那么看上去就变成了关系中的弱者。确实，我们把内心袒露给对方，对方看到和触碰到的都是我们的脆弱之处，而这才展现出真正的勇气，或者说，我们想要跟身边人的心灵相互靠近，就要有勇气做那个率先脱下盔甲的人。

## 需求的内容

以上的案例分享的就是探索需求和尝试表达需求的过程。如果你希望自己的需求被对方满足，了解需求就是必经之路。以下是我尝试总结的需求表格：

| 类别 | 内容 |
|------|------|
| 身体 | 安全、健康和医疗、保障（衣服、食物、水源、住所等）、卫生和清洁、性 |
| 心灵 | 安全感、感受和表达情绪、价值、归属、意义、相信自己、爱和情感、爱自己 |
| 心智 | 自主的意志、学习、了解事实、接收信息、学习技能、探索自己、理解自己 |
| 环境 | 公平和正义、尊重和平等、宽容、稳定和秩序、合作、契约、安静、工作机会 |
| 关系 | 欣赏、接纳、交流、倾听、付出和接受爱、回应、鼓励、理解、亲密 |
| 体验 | 娱乐和玩耍、挑战、探索（旅行等）、孕育后代、迎接与道别、亲近自然、创造 |

你可以借助以上内容，来思考以下几个问题：

·以上哪些需求对我而言是最重要的？列举出5~10个，如果表中有遗漏可以自行补充。

·其中哪些需求是我一直不太满足的？

·我愿意挑选哪一个不太满足的需求进行表达？

### 如何表达需求

谈到对需求的表达，不得不提的一个表达工具是马歇尔·卢森堡博士总结的非暴力沟通四部曲，它们是：观察、感受、需要、请求。马歇尔博士的贡献令人钦佩，这个工具也极为好用。

例句：晚上我给你打电话，你没有接，直到两个小时之后你才回电话给我（观察），我感到担心、失落和难过（感受），我当时很需要你的陪伴和回应（需要），我希望你以后能够接我的电话，如果不能接，就给我发一条信息让我安心（请求）。

在我看来，非暴力沟通当中没提到的一个点是需求之所以重要的缘由。这个缘由在繁忙的社会生活中确实不必要坦白，但在家庭环境下，了解对方的独特经历是增进和理解的渠道。于是，我建议分五步表达需求：观察、感受、需求、缘由、请求。我们借用上面希望伴侣打电话的例子，来看看"五步表达需求"会有怎样的不同。

例句：晚上我给你打电话，你没有接，直到两个小时之后你才回电话给我（观察），我感到担心、失落和难过（感受），我当时很需要你的陪伴和回应（需要），因为我爸爸是警察，经常面临各种危险，小时候我和妈妈就经常会担心，而现在你的安全对我来说很重要，所以我也担心你（缘由），我希望你以后能够接我的电话，如果不能接，就给我发一条信息让我安心（请求）。

不知读完后的你感觉如何？在我看来，加上"缘由"的表述之后，对方会更容易感受到心灵的温暖，尤其是当我们把对方的重要性和自己的需求联系起来的时候。

对于自卑的人来说，坦诚地表达需求是个挑战。所谓的挑战可能来自"怕被拒绝""怕麻烦别人""不知道该不该表达""不知该怎么表达"……自卑的内在确实会升起无数的声音来困住我们，同时也阻碍着我们与其他人的联系。回头想想，面对不要做的事，我们可以找到无数个理由；而面对要做的事，一个理由就足够了。如果你发现自己对需要表达需求的人难以启齿，那么以下问题可能对你理清思路有所帮助：

· 如果向对方表达需求，对我来说分别有什么坏处和好处？

· 如果我不表达需求，在什么情况下会得到满足呢？发生的可能性有多大？

· 如果我能表达需求，在什么情况下会得到满足呢？发生的可能性有多大？

· 如果未来自己相应的需求一直得不到满足，会发生什么？

· 如果一定要鼓动自己去表达需求，我的勇气和动力可能来自哪里？

当你思考过以上的问题后，也许你就能决定是否要如实表达需求了。如果你决定尝试一下，接下来就把上一小节最后挑选出的"不太满足"的需求，运用"五步表达需求"总结成一段话；如果你暂时不想当面表达，你可以写封信或者发信息；如果你打算跟对方好好谈谈，作为沟通的模板也是不错的选择。

### 寻求合作

这里提到的合作，并非指商业中的业务合作，而是人际关系中人的用彼此满意的方式相处、相互协作，都得到满足。不论是工作中的雇佣关系、同事关系、上下级关系或者与客户的关系，还是家庭中的与伴侣、父母、孩子、亲友等的关系，都是相互依存的，没有一段关系是可以长期单方面付出照顾，另一方仅需接受的。而处理好关系的关键就是，牢记关系是合作的空间，除了对方的需求重要，自己的需求也是一样。我还是先讲一个案例：

### 在关系中合作

小c因为房子的装修设计对设计师很有意见，她表示设计师有点"反客为主"，似乎不愿考量她作为客户的需求，她交代设计需要"舒适"，但拿到的设计稿竟然是灰色调，小c说这怎么都跟舒适毫无关联。她发现自己对这件事的愤怒令她十分困扰，因此向我求助。

小c：这个设计师都不重视我的需求，一开始我还以为大公司很靠谱。

我：嗯，装修确实挺麻烦的，不过，你一开始是出于什么考虑而要选择那家公司呢？

小c：我想大公司肯定有各种各样出色的设计方案，他们的店面也挺大，我就以为设计师都还不错，没想到他们真的挺一般的。

我：嗯，听上去你挺生气和失望。不过坦白讲，如果只是根据"舒适"这样的词语来提供设计方案，那是有点困难。因为"舒适"是个概念，如果你当时没能跟设计师讲清楚你心中对于"舒适"的界定，那设计师就只能根据自己对"舒适"的理解来进行设计。

小c：他们是大公司，肯定有不少设计方案呀！我就感觉这个设计师不用心。

我：我再换个方式来表达一下，首先，房子是你的，对吧？

小c：是的。

我：其次，将来住在这个房子里的也是你，对吧？

小c：是的。

我：现在，你希望房子装修的方式自己满意，对吧？

小c：是的。

我：那是否意味着，在房子进行设计的过程中，为了让设计尽可能符合自己的意愿，你需要更多地做些事情呢？

小c：这倒是。

我：我想一开始你对于设计师抱有期待，期待他能满足你内心的需求，而在你期待的同时就已经是在某种层面的"依赖"对方了，不是对方"反客为主"，而是你似乎一开始没有掌握主导权。

小c：……确实是这样。

我：你当然可以责怪设计师水平有限，但客观来说，设计方案只有加入更多源于自己所期待的元素，结果才会让自己更满意，不是吗？

小c：确实。

小c的情绪虽然还未消散，但看上去她清楚了与设计师之间的矛盾。我在尝试让小c看到的，就是她在与设计师的合作当中，自己有期待的同时希望对方来负责的那部分。确实，商业活动在多数人看来是金钱与物质和服务的交换，但除此之外，还有一个不能忽视的层面，那就是过程是合作的，结果是双方共同创造的；或者说"一手交钱一手交货"只是表象，这个合作与创造的过程才是本质。其实，在家庭关系中也是如此，也就是说我们不仅仅在彼此满足需求，而更像是在共同维护一个生命体——关系生命体。

### 关系生命体

我提到的关系生命体并非一个概念，它是有实体的，比如国家元首会面后种植的友谊树、青年伴侣一起养的宠物，甚至一起养育的孩子都会有这层意义，这也是为什么在孩子教育问题上难以达成一致，夫妻之间的情感就会受到巨大冲击。

除此之外，关系在很多层面上都像是一个有生命的个体。关系在建立的初期，我们感到欣喜、喜悦，就像是迎接新生的生命，而这份关系越是亲密就越重要，我们的人生也会因此开启一个新的篇章；相应地，关系的结束和破裂会让我们感到痛苦，那种痛苦就像是丧失了重要的寄托，甚至有些人会觉得跟失去亲人的悲伤不相上下。同时，在关系中，我们投入适量的关系养分，关系就有可能更亲密、更茁壮。比如给对方关注、理解、温暖等，但养分不足或养分过量，也就是过度疏远或依赖，都会造成这个关系生命体的异常发育——这简直跟养花种草是一个道理。

而对于相对自卑的人来说，他们关系生命体的问题很可能来自低价值造成的心理地位下降，关系中付出形式通常是退让或放弃式的，比如放弃决定权、放弃某些尊严和自主、放弃情绪的感受权和表达权等。于是就相当于对方对于关系有更大控制权，这时相对弱势卑微的一方为了不被抛弃，就必须讨好另一方，同时隐藏自己负面的情绪，以对方的需求为中心。当然这也许有助于跟对方维系现阶段的关系和得到对方此时的照顾，但这种自我舍弃式的卑微的爱无法长久地流动下去，而且关系的决定权在对方。

回到小c的案例，我和她探讨了很多，其中她感兴趣的一个话题是如何从一开始保持主动权。我们最后的讨论结果是，也许从一开始她需要向设计师表达"房子我想以自己的设计为主，设计师，请你来辅助我"，或者直接向设计师提供自己特别喜欢的设计模板，哪怕墙面、柜体、灯饰都来自不同的图片——这样设计师就会更容易理解小c脑海中关于"舒适"的概念。

除此之外，还有一些问题可能对你会有所帮助：

· 我愿意做些什么让对方更容易理解我？

· 如果我需要对方支持，我可以做点什么帮助对方？

· 我和对方要合作的目标是什么？

· 我目前的相处方式能否支持我达成目标？

· 如果不能，要怎样调整呢？

· 我愿意用怎样的方式向对方展现善意？

**运用关系突破自卑**

对于相对自卑的朋友来说，他们内心的力量被过去所束缚，对自己的认知也受困于负面的思维，而打破他们这些桎梏的重要资源之一也在关系当中。虽然绝大多数关系不能永远伴我们左右，但总有些闪光的碎片会点亮我们人生中的某个时刻。比如以下的某些特殊记忆：

· 当你帮助了其他人，获得由衷的感谢。

· 在你饥饿的时候，有人分享给你食物。

· 你从小到大一定成功做过某些事。

· 不论现在状态如何，你人生中一定做过有价值的尝试。

· 看到你脸色不好，有人主动询问是否身体有恙。

· 不论你职位高低，有人还是会跟你微笑着打招呼。

· 在你不知道怎么办的时候，有人会安慰你，给你出主意。

· 在你都嫌弃和讨厌自己的时候，有个人似乎还能接受，甚至喜欢你。

· 可能你认为自己犯了很严重的错，而他人却没有如你预期地责怪你。

· 当你不小心打碎东西或者发出较大声响，寻声而来的人首先询问你是否安好。

· 你所有的亲人中，也许有一个对你比较好的。

· 你所有的朋友中，也许有一个让你愿意说心里话的。

· 你和父母等亲人相处的经历中，也许有某个瞬间是感受到温馨和幸福的。

　　尝试沿着每一条线索去回忆人生，就像自己在时间的沙滩上去不断捡拾遗失在岸边的记忆的珍珠。同时再去感受一下，回忆的时候，你是否会暂时停止对自己的批判？是否会感受到某种价值？

　　如果回忆的经历够多，也许会你发现你对待自己的方式，和他人对待你的方式相比，是更友善还是更恶劣？如果发现你对待自己的方式，还不如自己的亲人、朋友，甚至陌生人，那我们不得不质疑，这背后的苛刻与残酷来自哪里呢？你真的只值得被如此对待吗？这真的值得深思。

# 疗愈自我——拥抱内心的无助小孩

好好照顾自己，因为，你即众生。——佚名

　　这是本书的最后一节内容。当然，读到这里，也许你已经发现我在不断尝试带你看到的，就是我们自己才是这一切的中心。不论是从觉察情绪到觉知模式，还是正视自己和发现天赋，又或者勇敢地表达需求和面对关系——我们需要做的就是真诚而友善地面对自己，同时，我们必须拿回自己人生的主动权。对此，我责无旁贷。

　　如果不主动创造自己期待的，你等谁去创造呢？

　　如果不自己照顾自己的内心，你等谁去照顾呢？

　　如果不愿意发现自己的天赋，那谁会去挖掘呢？

　　如果不愿负拯救自己的责任，那谁愿意救你呢？

　　这些反问句都已经预设好了答案，那就是自己。我相信很多人也都明白这个道理，但我们内心一样可能感到纠结和撕扯，这些跟爱自己、信任自己相反的力量来自哪里呢？

### 我在为谁受苦

不知道你是否也已发现，我们内心的主要阻碍并不是来自外界，责怪自己最狠的、放弃自己权利的、降低自己尊严的，很可能都是我们自己。为何我们要让自己受这些苦难呢？下面分享一个相对完整的案例，也许能找到线索。

小d辞去工作已经有三个月了，他说自己十分害怕去面试，也害怕面对父母，之前的工作他也做得很憋屈，哪怕做得再好也不敢向老板要求，一边认为自己踏实做事受委屈，一边觉得自己封闭畏缩不争气。小d纠结之下向我求助。

我：你最希望我帮你什么呢？

小d：嗯……我有点害怕面试，我想能不再害怕；还有我总是很自卑，我希望能不再自卑。

我：嗯，听上去工程量还挺大的。那先说说你的害怕吧。

接着小d就讲述了自己在面试中如何不敢看面试官的眼睛，在工作中如何害怕面对上级，在家里如何惭愧得不敢面对父母。

小d：这个害怕太折磨人了，我感觉自己什么都做不了。现在更害怕的是如果一直这样下去我该怎么办？

我：所以你想从这样的状态中摆脱出来，是吗？

小d：对，我想摆脱出来。

我：想摆脱那首先你得想想，你害怕的具体是什么？比如面试里你在害怕什么呢？

小d：……害怕人家不用我、拒绝我吧！

我：不用你、拒绝你又意味着什么呢？

小d：意味着我不被认可，我会感觉自己很差劲。

我：嗯，确实，这样的感受并不好，不过他们就算不录用你，应该不会对你说"因为你太差劲，我们不认可，所以不用你"类似这样的话吧！

小d：那肯定不会。

我：如果是这样，可能你需要看到另一个角度，比如公司是否聘用一个人是由公司的需求决定的，他们是否录用你跟是否认可你很可能并没因果关系，你觉得呢？

小d：……嗯，你说的有道理，可是我就是害怕，我真的很想摆脱这种情绪。

我：嗯，那我想确认一下，你面对面试官、老板，还有父母时的那份恐惧是类似的吗？还是各不相同？

小d：是类似的，都是做事缩手缩脚的。

因为比起面试官和老板，和父母的关系是影响小d时间最久的，所以我请他更具体地叙述和父母之间的相处和过往经历。于是，小d就讲述了自己总感到父母对他不满意，尤其是面对妈妈的时候，特别是在近几年，小 d 发现妈妈总会数落自己，且措辞相当刻薄。

我：你会冲父母发火吗？尤其是妈妈数落你的时候。

小 d：……没有，我几乎没发过火。

我：难道被贬低的时候，你不生气吗？

小 d：生气还是有的，但是发火就没有。

他的回答让我挺意外的。一方面，不难看出，小 d 承担着相当大的心理压力，但另一方面，这些压力并没有转化为动力，也没有以愤怒和冲突作为出口，他像是一个苦行僧，把各种伤痛都背在了身上。于是，我接着听他叙述与父母之间的相处。小 d 说道，上学的时候和父母关系还好，妈妈也不会有那么多讽刺和埋怨，但近几年，自己的事业不顺利，妈妈就会怨气冲天地从他小时候的事说起，还总会提到小 d 出生时自己大出血，差点出不了产房的事。

虽然小 d 的语气平淡无奇，但我意识到这件事十分重大，这意味着小 d 的出生就伴随着巨大的内疚感，可能在他心灵深处有的声音就是"我差点害死妈妈"，这也是为什么他无法对妈妈愤怒的原因，这背后可能有"我已经差点害死妈妈，再惹她生气，那简直罪无可恕"这样的逻辑。为了平衡这份内疚，小 d 就必须要"为妈妈而活"，他潜意识可能有的信念是

"妈妈为我的生命付出了很大的代价，所以我必须证明我的价值，不然我怎么配活着"。因此，小d的内心世界很可能长期处在诚惶诚恐的状态中。当我把这些分析讲给他听时，他沉默良久。

小d：是的，仔细想想，确实是这样的。

我：所以你在面试官那里感受到的那份不认可，很可能来自你和妈妈的关系；你面对老板不敢提要求，其实是由于担心自己的价值不足，就委屈自己加倍努力，但内心会因此不平衡，所以工作做不长久；面对父母的害怕就是怕让他们失望，怕对不起他们。

小d：是，是的，应该是这样的……

讲到这里，也许我们就知道前面问题的答案了。对于小d来说，他的自卑、自闭、畏惧甚至怯懦，核心就是为了爱妈妈。这是他从孩提时代就形成的对妈妈的无意识的爱，这是种牺牲式的爱，就算"付出"会伤害自己，也在所不惜。之所以给付出打上引号，一方面是由于牺牲式的付出未必是对方所需要的，另一方面是付出的动力中，有很大程度是为了"对得起""获得心理平衡"和"感到问心无愧"的。

家庭系统排列大师海灵格曾经在《洞见孩子的灵魂》一书中描写了孩子从父母那里接收到生命之后，内心会有巨大的内疚和失衡，尤其是当父母会把赋予生命当作控制孩子的理由。于是孩子们会想尽办法逃避这份内疚：有的会努力讨好父母，满足父母的期待；有的会逆反叛逆，追求过度的自由；有的会自轻自贱，贬低生命的价值；有的会愤怒暴躁，挑战父母的权威；有的会抽离疏远，害怕关系的亲密；有的会理性公正，只能做正确的事；有的会玩世不恭，把人生当作游戏；有人会陷于忠诚，背负父母的痛苦……家庭背景千差万别，也许我们会选择不止一种方式去寻求心理平衡，但每个人都要面对从父母那里接收生命时候的内心动荡。

**这不是你的错**

不论对父母、伴侣、孩子或者亲友，为何对他人的爱是牺牲式的，就会让我们感受到沉重和痛苦呢？因为通常我们会背上一些原本属于对方的责任，比如照顾对方的情绪，满足对方的期待，解决对方的困难，甚至要成为对方活下去的希望。而对于小d来说，他在照顾母亲情绪、满足期待的同时还要"弥补伤害"。

小d：老师，我该怎么办？

我：你问我怎么办，我想，首先你得看到，冒险生下你是妈妈决定的，做决定就需要承担风险，她并未希望你付出什么。

小d：……是的。

我：其实你的妈妈一开始并没有责怪你，起码在你校园生活结束之前是这样的，但我猜那个时候你一样有压力，因为出于内疚，你对自己会更加苛刻。

小d：是的，我一直都逼自己做到最好。

我：所以，一直在打击自己的并不是你的妈妈，恰恰是你自己。因为不知道如何面对妈妈的苦难，为此你一直责怪自己。所以，首先你需要原谅自己。听着，这不是你的错，你妈妈的苦难早就结束了，她早已经康复了，这不是你的错。

小d：是的……是的！

我：如果说有错，你可能错在没有把自己的生活过好，没让自己充满生命力。不过庆幸的是，你还有时间，有机会。

小d：是的，我还有机会，我明白了！

小d的案例只是一个缩影，牺牲式的爱会在我们感到痛苦的同时让我们失去自由，我们越努力去承担那些本不属于自己的责任，就越容易陷入无助、自责和恐惧当中。当我们发现无论自己付出多少代价都无法换回期待中的结果时，挫败感、内疚感就已经开始侵蚀我们的自尊和价值感——这就是自卑的基础之一。于是，我们必须面对某些事实，其中一个是我们只能为自己的人生负责。

我们可以尝试去改变他人的痛苦、创伤、期待、关系、观点、决定等，但是请你回想一下在你过往的人生，有多少次真的成功了？就算这个人是我们的父母或孩子，我们能做的也非常有限，如果对方不愿意改变，我们的付出可能毫无意义；如果对方愿意改变，就算我们不付出，他们一样可能找到适合自己的道路。

与此同时，我们需要思考，当我们用自我牺牲去爱别人时，自己要付出的代价会是什么呢？也许我们更难关注自己的需求，更加远离自己的情绪，更难为自己的事情负责任，感到疲惫甚至心力交瘁——也许过去我们都曾无数次地尝试改变别人，但最终迎来的是一场彻底而伟大的失败。这场失败会告诉我们，别去扛着不属于自己的错误，不管怎样，每个人都要承担自己人生的风险，每个人都需要为自己的人生负责，老天是公平的，没有例外。

### 自卑里也有爱

爱因斯坦曾说："有一种无穷无尽的能量源，迄今为止科学都没有为它找到一个合理的解释。这是一种生命力，包含并统领其他所有的一切。在任何宇宙的运行现象之后，还没有被我们定义。这种生命力叫'爱'。"

这在家庭系统排列、萨提亚等心理学流派的案例中也不断得到证实。爱是心灵永恒的追求，所有的问题，都是爱的问题。这与个体心理学阿德勒所说的"人所有的问题都是关系的问题"不谋而合，因为在关系的背景下，爱才能呈现。那在爱和关系的背景下去探索自卑心理，会有哪些发现呢？比如我们可以思考以下几个问题：

· 如果自卑是我在关系当中博弈的手段，我想赢得的是什么呢？

· 如果我的自卑来自外界评价，我是认同了谁？对方真的需要我认定自己自卑吗？

· 如果让自己陷入自卑是一种呼唤爱和表达爱的方式，那么我在呼唤的是谁？对方能接受这样爱的呼唤和表达吗？

· 如果自卑也算是牺牲式的爱，我在牺牲的是什么？我期待自己的牺牲能得到什么？

· 如果自卑中也有爱自己的成分，我是如何爱自己的呢？这样的爱自己我觉得足够吗？

· 如果自卑不能带来较好的爱的体验，那么我可以做些什么调整呢？

· 如果想象一种比自卑或牺牲更好的爱的方式，那会是怎样的呢？

### 终究要爱自己

也许看到这个标题，有些朋友会非常困惑，为什么总要提爱自己呢？爱自己能当饭吃吗？如果我很缺钱，爱自己能帮我解决问题吗？

确实，我们再怎么爱自己，天上也不会掉馅饼，但我想说，爱自己确实可以解决一些问题。我想借用下面这个例子为大家展示，当我们对现状有份不满，如何利用情绪去找到内心的需求，如何针对需求用行动爱自己。

就拿最实际的"缺钱"来说吧，金钱是一般等价物，是我们换取生活必需品的媒介，对于绝大多数人来说，包括我在内，我们很多需求的不满，直接因素就是缺钱，这不会有人提出异议吧？

而在我看来，如果我们不爱自己的话，缺的确实是钱，但从爱自己的角度，我们缺的就不是钱了。我们想要的钱，并不是金属、纸张或者数字，这些只是媒介，我们真正想要的是拥有财富所带来的感觉和自己心灵世界赋予钱的意义。比如我们透过挣钱想要的品质可能是，获得放松、体验丰盛、感受优越、享受安全、标榜成就、照顾家人，等等。

比如说，有一天我们因拮据而陷入焦虑，如果我们不爱惜自己，也不去照顾内在的情绪，把关注点就放在钱上，认为有钱就能解决面前的痛苦，那么我们可能会拼命工作、透支健康，甚至把自己当成挣钱的工具，我想很多人都有过这样的体验。但这种工作的体验是你想要的吗？在这种状态下，你觉得自己能坚持工作多久呢？

相反，如果我们是爱惜自己的，可能一开始也会尝试用"拼命工作"的方式换取金钱，但筋疲力尽的时候，我们停下脚步，这时自我怀疑会帮我们提出质疑，"我想要的是钱，还是其他的？我感到有些痛苦，我究竟想要的是什么呢？我需要好好想想"。爱自己的人会愿意花时间去质疑和思考。

拨开思维的外壳，也许我们就更容易感知自己内部的情感。也许我们会发现"我之所以这么想挣钱，似乎源自内心的焦虑"，同样的爱自己的人会花时间去感受这份情绪，在这里，前面提到的敏感就会展现出优势，这样会更快感受和理解自己的情绪，比如内在的你可能想，"我感觉有份焦虑，这份焦虑中有对未来的担心，也有对还不起房贷的忧虑，有没能给妻儿好生活的歉疚，还有对自己的一份自责和愤怒，这些情绪我愿意聆听和尊重"。

当了解了自己情绪的细节，我们就可以沿着这些线索去寻找我们内心的需求，如果继续上面的举例可能有的是对安全和物质保障的需求，还有对尊重、沟通、宽容、鼓励的需求。这其中可能有些需求是为了照顾自己，也会有些是照顾家人，此时我们需要谦卑的品质去看到，如果短期内现状暂无可能发生改变，那么责怪自己也是徒劳的；另外，对于他人面对现状产生的情绪，我们能做得很有限，就算要照顾他人，也需要首先把自己的情绪调整好。谦卑会带我们先放下他人的责任，更多关注哪些是自己能把握和掌控的。

于是，通过上面三个步骤，我们运用三个天赋依次打开了思维、情绪、需求三个个体的内在。在去掉我们暂时无法满足的他人的需求之后，就只剩下我们和自己的需求了。继续上面"缺钱"的例子，我们的需求可能是"我需要安全""我需要感到自己有价值"，或者"我需要更多工作的机会"，等等。

当我们找出自己的明确需求后，满足这些需求就变得更加容易，同时这也是爱自己的开始。为何只是开始？因为至此还没有为自己的需求做事情。假如我们透过"拼命工作"来满足的需要就是安全，同时，这个需求暂时无法借由金钱来满足，我就要想其他的办法来帮助自己，比如我向伴侣索要拥抱，坦诚告诉对方"我感觉心里有份不安，希望你能抱抱我"，或者约见自己的好朋友，提前告诉对方"最近有点缺乏安全感，你今天可要哄着我"，再或者为自己抽出几分钟时间，哪怕只是在阳台上静默片刻都可能带来某种踏实，因为你知道这几分钟是为了疼惜自己而挤出来的。确实，这三个办法都不能直接挣钱，甚至不能完全消除焦虑，但我们的自我照顾和疼惜，会给自己带来一份安心和坚定。相比于彻底陷入焦虑，我相信内有耐心和意志坚定的人，会在工作中有更好的表现，也会能给身边的亲朋好友更多的支持，这就是爱自己的力量。

在此，我总结一下上面的过程，这也是本书想分享的转化自卑的路径：

· 面对困扰，探索想法：运用怀疑，从纷繁的思绪中找到触动自己的想法。

· 观察想法，感受情绪：运用敏感，发现被触动的情绪并尝试触碰和理解。

· 透过情绪，发现需求：运用谦卑，去除外界影响并思考总结自己的需求。

· 关爱自己，自我满足：运用思考，想各种各样的办法来满足自己的需求。

最后我想说，我是一个很理性的人，如果我的文字让你的心灵有所慰藉，我感到很荣幸。但其实，这本书并非为了安抚心灵，我想做的是提供一双冷静的眼睛，带你如实地看待自卑。我不会告诉你，你是有价值的，也不会告诉你，你应该要怎样，我只是把自己能看到的放在这里，我相信你会做出自己的选择，因为我们终究总要爱自己。

我们终究要爱自己，因为我们总会有一刻重重跌倒，没有人能依靠。

我们终究要爱自己，因为我们总会有一刻痛彻心扉，没有人会理解。

我们终究要爱自己，因为我们总会有一刻迷茫困顿，没有人来指路。

我们终究要爱自己，因为我们总会有一刻拥抱生命，不再等人拯救。

# 后 记
Postscript

在此，感谢六人行的邀请、欣赏和鼓励；感谢妻子妍蓉、女儿安然让我在家中有安心写作的空间；尽管我不认为自己是个乖孩子，但很感谢父母的养育和教诲；感谢我的爷爷、奶奶，以及所有默默支持我的亲朋好友；感谢所有启迪我智慧的老师们；感谢将信任交付给我、让我有机会提供帮助的衣食父母们；感谢认可、鼓励我的诸位同道同修；感谢与我冲突、带给我挑战、让我有机会成长的同胞们；感谢我们伟大的祖国和深厚的文化；感谢让这一切顺利发生的无声存在……

希望自己不虚此生，奋力前行，能秉持光明之心，将更多的平衡带给世界！

如果本书有机会能够帮助到你，那将是我的荣幸！

曜心　徐泽旭

2020 年 9 月 1 日